U0295443

ON THE FUTURE
PROSPECTS FOR HUMANITY

人类未来

【英】马丁·里斯（Martin Rees）—— 著

姚嵩　丁丁虫———— 译

上海交通大学出版社
SHANGHAI JIAO TONG UNIVERSITY PRESS

内容提要

本书是一本立足科学、思考人类现状与未来的科普读物。第1章分析了当下地球的一些潜在危机，包括能源、核威胁、气候变化等；第2章以当下科技发展为依据，预言生物技术、网络技术、人工智能等将对人类未来产生的改变及风险；第3章从地球和人类转向更宏大的宇宙，探讨太空飞行、外星智慧等天文、宇宙方面的远景；第4章来到科学的边界，以科学视野重新看待分析地球与人类的现状与发展本质；第5章回到人类，试图提供人类依靠自身改变未来的可行途径和方式。本书适合对科学尤其是天文学、物理学感兴趣，并对未来存有思考和遐想的读者。

图书在版编目(CIP)数据

人类未来／(英)马丁·里斯(Martin Rees)著；
姚嵩，丁丁虫译. —上海：上海交通大学出版社，2020
ISBN 978-7-313-22731-7

Ⅰ.①人… Ⅱ.①马… ②姚… ③丁… Ⅲ.①人工智能—普及读物 Ⅳ.①TP18-49

中国版本图书馆 CIP 数据核字(2019)第 281287 号

上海市版权局著作权合同登记号：图字：09-2018-513

人类未来
RENLEI WEILAI

著　者：	〔英〕马丁·里斯	译　者：	姚　嵩　丁丁虫
出版发行：	上海交通大学出版社	地　址：	上海市番禺路 951 号
邮政编码：	200030	电　话：	021-64071208
印　制：	苏州市越洋印刷有限公司	经　销：	全国新华书店
开　本：	880 mm×1230 mm　1/32	印　张：	8.375
字　数：	108 千字		
版　次：	2020 年 3 月第 1 版	印　次：	2020 年 3 月第 1 次印刷
书　号：	ISBN 978-7-313-22731-7		
定　价：	58.00 元		

版权所有　侵权必究
告读者：如发现本书有印装质量问题请与印刷厂质量科联系
联系电话：0512-68180638

对《人类未来》的更多赞誉

"如果每个人都把满足与享受放在首位，那么未来会变成什么样子？对于这个问题，里斯并非是第一个发出严厉警告的人。但他对于风险的清晰描述与合理解释，以及他独特的行文风格，使得他的这一宣言远比其他人的更加震撼。这是世界上最著名的科学家之一在极力呼吁采取行动，而地球上的任何人只要他关心自己的未来，都应当读一读这本书。"

——《科克斯书评》

"《人类未来》一书对未来即将发生的技术发展进行了预测，乐观地描述了人类运用科学技术修复受伤的星球、改善生活状况的前景……本书中的观点包罗万象又易于理解，它们表达了里斯对于人类前景所持有的'技术乐观主义'的热情。"

——《出版人周刊》

"《人类未来》是一本非常重要的著作，应当受到更广泛的关注，人们也应采取相应的行动。马丁·里斯结合他深刻的科学观点以及对人类的同情，用清晰的语言和完美的散文风格阐述了当今人类文明所面临的主要问题。其中有些问题至今尚未受到普遍的关注。无论是否同意书中提出的所有观点，你都需要认真对待它们。"

——《宇宙新物理学中的时尚、信仰和幻想》
作者　罗杰·彭罗斯

"对世界面临的最重要问题做出的动人分析，充满了智慧、洞察力和人性。"

——《当下的启蒙》
作者　史蒂芬·平克

"我们的未来将是乌托邦还是反乌托邦？马丁·里斯认为，这取决于我们自己。但无论如何，有一件事情我们绝不能做，那就是中断科技的发展。如果能够明智地运用科技，人类将会拥有光明的未来。为此我们必须现在就采取行动。在这本富有远见的著作中，马丁·里斯尽管也提到了许多令人恐惧的可能，但至少他的语气新颖，并且带有谨慎的乐观。"

——《悖论：破解科学史上最复杂的9大谜团》

作者 吉姆·艾尔-哈利利

"这是一场惊险刺激的旅程，充满了激动人心的科学与技术进步，它们能够解决世界上最令人烦恼的问题。《人类未来》是21世纪全体公民的理想读物。"

——美国国家科学院院长

玛西娅·麦克纳特

"如果这世上还有一个很聪明的人在计算人类生存下去的可能性有多大，那个人便是马丁·里斯。本书中便有他深思熟虑后的解答。"

——艾伦·阿尔达

"如尤吉·贝拉所说，我们很难做出预测，尤其是对未来的预测。但在这本易读又深刻的著作中，马丁·里斯为我们展示了人类与这颗星球所面临的挑战，以及为什么科学家需要让公众参与选择。"

——美国科学促进会教育与人力资源部主任
雪莉·马尔柯姆

"对于任何希望考虑我们未来的选择以及了解这些选择的潜在影响的人而言，这是一本不能错过的书。里斯是一位头脑清晰的思想家，也是一位文笔优美的作

家。里斯认为，如果我们能够避免某些目前限制物种的
行为，那么未来将是可期的。他的预测建立在当今的科
学知识与科学家的概率直觉上，同时他也表现出一种令
人印象深刻的谦逊。"

——美国科学促进会首席执行官、

前美国新泽西州众议员

拉什·霍尔特

"阅读《人类未来》是一种令人赏心悦目的智力享
受。它是地球上以及宇宙中——如果存在外星人的
话——每个人的必读之作。世上最有成就的天文学家马
丁·里斯，从他的智慧和独创性出发探讨最重要的课
题：人类的未来，以及科学带来的进步和风险。里斯深
刻的个人见解非常独特又令人兴奋。书中的许多故事都
很有趣，让我爱不释手。"

——哈佛大学天文系主任

亚伯拉罕·勒布

"在这本杰出的著作中，辉煌依旧的马丁·里斯论述了我们这个时代的关键问题：从气候变化到人工智能，以及生物恐怖主义的威胁、未来太空探险者探索宇宙的可能；等等，进而透视了人类面临的威胁与前景。里斯在这些问题上有着最深刻和最明晰的思想，他的作品犹如闪耀的宝石，充满洞察力与幽默感。"

——《欢迎来到宇宙》合著者
理查德·高特

"在这本短小精悍的著作中，里斯努力应对当今巨大的科学进步所带来的令人兴奋的前景和使人恐惧的可能，把自己定位在技术乐观主义者与乌托邦世界的反对者之间。《人类未来》在科学的广阔领域中提供了惊人的洞察力，并恳请大家一同关注，参与长期决策，保证子孙后代的安全。人类与地球的未来掌握在我们手中。"

——《原子科学家公报》总裁兼首席执行官
雷切尔·布朗森

"《人类未来》一书非常吸引读者。马丁·里斯位于未来学中最富有见解的思想家行列之巅。"

——《完美的理论：世纪天才与广义相对论之战》

作者　佩德罗·费雷拉

"这是一本鼓舞人心和发人深省的著作，它的作者是全球著名的科学家与预言家。对于任何关心人类未来的人而言，这是一本必读之书。"

——《生命3.0：人工智能时代的人》

作者　迈克斯·泰格马克

"我们的地球正处于危险之中，我们需要运用最大的智慧来拯救它。幸运的是，马丁·里斯能够提供这些智慧。对于所有关心地球未来的人而言，这都是一本必读之书。"

——《西洋西下？》

作者　马凯硕

"马丁·里斯的书是帮助我们驾驭未来的重要指针，是充满知识与理性的甜蜜情书，也是给我们之中那些最好战者的战斗邀请书。"

——制片人、教育工作者

大卫·普特南

"马丁·里斯所著的《人类未来》是希望的模板，它提供了实用的科学、社会和政治解决方案，以避免可能毁灭我们物种的人为灾难。"

——制片人 迈克尔·威尔逊

前　言

这是一本关于未来的书。我从个人角度以三种角色进行写作：作为科学家、公民，以及人类这一物种中的忧心忡忡的成员。这本书的主题是，世界人口的不断增长。如何面对这个问题取决于人们运用科学与技术的智慧。

今天的年轻一代有望活到 21 世纪末，所以他们如何保证越来越强大的技术——生物、网络和人工智能，能带来一个良性的、没有危机的未来？今天的风险比以往任何时期都高。21 世纪发生的事将会影响今后数千年。在讨论如此广泛的主题时，我注意到即便是专家的预测也不一定准确。但我依然执迷不悟。因为我认为，在关于长期科学和全球趋势的话题上，加强公众与政治的对话和交流至关重要。

本书的主题是在面向不同听众的多个讲座中逐渐变得清晰的，包括 2010 年的 BBC 里斯讲座，以《从当前到无限》为题出版（马丁·里斯。《从当前到无限：科学的眼界》。伦敦：Profile Books，2011；纽约：诺顿出版社，2012），因此我非常感谢听众和读者的反馈。此外，我特别感谢精通专业知识的朋友与同事们的付出，他们或众所周知或不为人知。这些朋友和同事的贡献没有在本书中标出具体引用，他们是（按字母顺序排列）：帕萨·达斯古普塔、斯图·费尔德曼、伊恩·戈尔登、丹米斯·哈萨比斯、休·亨特、查理·肯内尔、大卫·金、肖恩·欧·埃吉尔泰戈、凯瑟琳·罗兹、理查德·罗伯茨、埃里克·施密特、朱利叶斯·威伊兹达菲尔。

我要特别致谢普林斯顿大学出版社的英格丽德·格纳利希，感谢她协助了本书的出版，以及在我写作本书时给出的建议。我也要感谢道恩·海尔的文字编辑，感谢朱莉·肖万恩的索引编写，感谢克里斯·费兰特的文本设计，还要感谢出版社的吉尔·哈里斯、莎拉·亨宁-斯托特、艾莉森·凯尔特、黛布拉·利泽、唐娜·利泽、亚瑟·威尔尼克、金伯利·威廉姆斯在本书出版过程中提供的大力协助。

目　录

一块宇宙浮雕

假设有外星人存在，而且其中有一些外星人已经持续观察我们地球长达 45 亿年。它们看到了什么呢？在这漫长的时间跨度里，地球的面貌极其缓慢地发生着改变。大陆漂流，冰盖起伏不定，还有物种陆续诞生、进化和灭绝。

但在某一小段地球时期内，也就是刚刚过去的一百个世纪里，植被形态的改变要比以往任何时期都要快得多。它标志着农业的出现，以及城市化。随着人类数量的增长，地球变化的速度也越来越快。

以后的变化速度甚至更快。仅仅 50 年时间，大气中的二氧化碳含量便在飞速增加。还有其他前所未有的事情不断发生：地球表面发射的火箭彻底脱离了生物圈，有些进入环绕地球的太空轨道，另一些飞向月球和其他星球。

外星人也许知道地球将会不断升温。在大约 60 亿年后，太阳将会爆炸消亡，地球也会随之毁灭。但它们是否能够预见，在地球的生命中途会出现这种由人类引起的、速度近乎失控的"发烧"呢？

假设这些外星人在持续观测我们。那么到 22 世纪，它们会看到什么呢？是会在最终的挣扎之后归于死寂，还是地球生态将稳定下来？发射自地球的太空舰队，是否会在别的地方孕育出新的生命绿洲？

本书描述了一些关于未来的希望、恐惧和推测。要在 21 世纪生存下去，并让我们这个日益脆弱的世界维持至长远的未来，关键在于加快某些技术的发展，但同时也要限制技术的过度运用。人类面临的挑战将是巨大而艰巨的。我将对此提供一些个人观点——谨以科学家（天文学家）、同时也是人类中的一名焦虑者的身份。

***

对于中世纪的欧洲人来说，整个宇宙的时间跨度——从创世到末世只有几千年。我们现在所认为的时间跨度是以前的一百万倍。然而即使从这个被大幅延伸的时间跨度上看，21 世纪也是很特殊的。某个单一物种——人类这个物种变得如此强大并占统治地位，在历史上还是第一次。人类掌握了地球的未来。我们已经进入了某些地质学家称之为人类纪的时代。

古代人面对洪水和瘟疫时，既困惑又无助，而且很容易产生非理性的恐惧。对于古代人而言，地球上的大部分领域都是未知领域，他们所认为的"宇宙"，就是太阳、行星和满是恒星的"苍穹"。如今我们已经知道太阳只是银河系千亿颗恒星中的一颗，而银河系也只是其他至少千亿个星系中的一个而已。

然而尽管这些概念的范围非常辽阔，尽管我们对自然界的了解深入了许多，甚至还能在某种程度上控制自然，但我们能够充满自信做出预测的时间尺度却变得更短，而不是更长。欧洲的中世纪是一段纷繁动荡的时期，但那所谓的"动荡"是在缺乏变化的背景中上演的。中世纪的虔诚石匠需要一个世纪的时间才能完成大教堂的装修工作。但对我们而言，与他们的经验大相径庭的是，22 世纪将会与现在大不相同。社会与技术的变革不断缩短时间尺度，这与生物学、地质学和宇宙学中数十亿年的时间尺度之间存在着"爆炸式"的脱节。

当前，人类的数量如此之多，具有如此沉重的集体"印迹"，以至于人类有能力去改造，乃至摧毁整个生物圈。世界上日益增长的人口以及人们不断提高的要求，给自然环境带来更大的压力。一旦突破了"临界点"，人类的行为将会引发危险的气候变化，以及大规模的物种灭绝，这会给我们的子孙后代留下一个资源耗尽的贫困世界。但是，我们不能通过遏制技术发展来避免这种风险。相反，我们需要加强对自然的了解，并且更加迫切地需要运用恰当的技术。这些就是本书第 1 章的主题。

世界上大多数人的生活都比他们的父辈过得更好，赤贫的比例也一直在下降。在人口快速增长的背景下产生的这些进步，如果没有世界上的积极力量——科学与技术的发展，是不可能发生的。我将在第 2 章中讨论我们的生活、健康、环境，这些都可以从生物技术、网络技术、机器人技术和人工智能技术的进一步发展中获益更多。在这些方面，我是一位技术乐观主义者。但不可否认，其中也有潜在的负面影响。这些发展令这个相互关联愈发密切的世界产生出新的脆弱性。甚至就在未来的十年或者二十年内，技术也有可能彻底破坏现有的工作方式、经济体系和国际关系。在这样一个人们彼此的联系愈发紧密的时代，当弱势群体意识到他们的困境、当移民变得更加容易的时候，如果不同地区之间的福利水平和生活环境还存在很大的差距，一如当今地缘政治学中犹如深渊般的差距，我们很难乐观地相信世界将会保持和平。如果只有少数特权人士才能享受旨在提高人类生活水平的遗传学与医学的进步，这将令人异常不安，因为它们会带来更多本质上的不平等。

有些人倡导对未来保持乐观，并热衷于改善我们的道德感与物质文明。我不同意这种观点。尽管显然是因为科技进步才给大多数人的生活，以及教育、健康和医疗等方面带来可喜的改善，但世界的现状与它应该具有的状况相比，差距比以往任何时候都要大。中世纪人民的生活也许是很悲惨，但在那时候，同样也几乎没有什么可以改善他们生活的方法。相比之下，当今世界上生活在"最底层的十亿人口"所面临的困境，显然可以通过重新分配地球上最富有的一千人的财富来改变。而且基于人道主义原则，国家本应有能力做出补救。如果不能对此做出回应，任何声称制度道德有所进步的说法都会引来质疑。

生物技术和网络世界的潜力令人振奋，但它们也同样令人恐惧。无论对个人还是集体，加速创新已经大大增强了我们的力量。我们可以基于主观意愿，或者是作为出乎意料的附带后果，引发将在几个世纪里引起共鸣的全球变化。智能手机、网络及其辅助设备已经成为我们的网络生活中必不可少的部分。即使在二十年前，我们的技术都已经显得足够神奇。所以展望未来几十年，我们必须保持开放的头脑，或者至少保持适度的开放，去面对革命性的、在今天看来犹如科幻般的进展。

　　即使是在几十年后，我们也无法自信地预测将来的生活方式、生活态度、社会结构或者人口规模，更不用说预测令这些可能成真的地缘政治背景。此外，我们也应该注意到一种也许会在未来几十年内出现的全新变化。人类自身——包括心理和生理，可能会因为基因改造和赛博格技术（cyborg，生化电子人，指半生物半电子机器）的应用而变得更具可塑性。它们将会改变游戏规则。我们能够跨越数千年的时间鸿沟，欣赏那些自古流传下来的文化艺术，在古代艺术家及其文明身上体会到某种亲切感。但对于几个世纪之后的主流智慧能否与我们产生任何情感共鸣，我们毫无信心——尽管他们也许能从算法理解我们的行为模式。

　　21世纪之所以特别，还有另一个原因：这是人类首次开发地球外殖民地的时期。异星世界的先驱"殖民者"需要适应恶劣环境，而且他们得不到大陆的支援。这些探险家可以率先实现从有机智能向电子智能的转变。这种"生命"的新化身将不再需要行星大陆或者大气层，它们的活动范围也许将会远远超出我们的太阳系。对于近乎不朽的电子实体来说，星际旅行并没有什么令人畏惧的地方。如果目前地球上的生命是独一无二的，那么这一迁移将是具有宇宙意义的重大事件。不过，如果智慧生命已然遍布宇宙，那么我们的后代将会与之融合。这将在天文尺度的时间跨度上发挥作用，而非"仅仅"几个世纪。第3章对这种长期变化提出了一些看法：机器人是否会取代"有机"智能，以及这种智能是否已经存在于宇宙的其他地方。

　　我们的后代身上将会发生什么——也许是发生在地球上，也许是发生在更远的地方，这将取决于我们今天几乎无法想象的技术。在未来的几个世纪里（站在宇宙的尺度上看，依然只是短短一瞬而已），我们的创造性智慧将会实现革命性的转变——从基于地球的物种转变为在太空旅行的物种，从生物智慧转变为电子智慧。这些转变可能会开启今后数十亿年人类进化的序幕。而另一方面，如我将在第 1 章和第 2 章中讨论的那样，人类也可能引发生物、网络或者环境的灾难。这些灾难将会毁灭所有转变的可能。

第 4 章提供了一些（也许是自我放纵的）基础性与哲学性的科学主题探索路径。这些科学主题探索中提出了关于物理现实的范围问题，以及我们对现实世界复杂性的认识是否有其内在的局限性。我们需要评估哪些是可信的，哪些是科幻的，以便预测科学对人类长远未来的影响。

在最后一章中，我将讨论更接近当下的话题。如果科学能得到最佳的应用，将会给 2050 年居住在地球上的 90 亿或 100 亿人口提供一个光明的未来。但我们如何才能避免走向反乌托邦，同时又最大限度地抓住机遇，实现这一美好的未来呢？我们的文明由创新而塑造。创新来自科学进步以及随之而来的对自然的深入理解。科学家需要与公众进行更广泛的接触，并且充分利用他们的专业知识，特别是在风险极高的时候。最后，我要谈一谈当今的全球性挑战——我会强调，这些挑战的应对可能需要新的国际机构，这些机构既要有正确的科学指引，又要对公众的政治和道德意见做出回应。

我们的星球，这个宇宙中的"暗淡蓝点"是一个特别的地方。它也许是独一无二的。在这个特别关键的时代，我们刚好是它的管家。对于我们所有人而言，这都是一个重要的信息——也是本书的主题。

1 深入人类世纪

1.1　威胁与前景

几年前，我遇到一位来自印度的著名大亨。他知道我有"皇家天文学家"的头衔，便问我："你为女王占星吗？"我绷着脸回答说："如果她需要这样的人，我就是她要找的那个。"他似乎很想听听我的预测。我告诉他，股市将会波动，中东将会出现新的紧张局势，诸如此类。他全神贯注于这些"预测"。但后来我坦白了，我说，我只是个天文学家，而不是占星家，他就突然对我的预言失去了兴趣。这是理所当然的：科学家是糟糕的预言家，几乎和经济学家一样糟糕。比如，20 世纪 50 年代，一位早期的皇家天文学家说，太空旅行是"彻头彻尾的荒谬"。

同样，政客与律师在这方面也不太行。20 世纪 20 年代有位相当令人惊异的未来学家，F.E.史密斯，伯肯黑德伯爵（Earl of Birkenhead），①他是英国财政大臣，丘吉尔的亲信。他在 1930 年写过一本书，名为《2030

---

① 伯肯黑德伯爵（The Earl of Birkenhead），《公元 2030 年的世界》（*The World in 2030AD*，London：Hodder and Stoughton，1930）。

年的世界》。他读过他那个时代的未来学家所写的著作。他想象了烧瓶里培养的婴儿、会飞的汽车，以及诸如此类的东西。另一方面，他预见了社会的停滞。这里引用他书中的一句话："到 2030 年，女性仍将发挥她们的智慧与魅力，激励最出色的男性抵达她们自己无法企及的高度。"

真是够了!

***

早在 2003 年，我就写过一本书，名叫《我们最后的世纪？》。该书的英国出版商删除了标题里的问号。美国出版商把标题改成《我们最后的时刻》①。我所写的主题是：我们的地球经历了 4 500 万个世纪，但这个世

①　马丁·里斯（Martin Rees），《我们最后的世纪》（*Our Final Century*，London：Random House，2003）。美国版的标题改为《我们最后的时刻》（由 Basic Books 出版）。

纪是第一个由某个物种——人类——决定生物圈命运的
世纪。我并不认为人类喜欢自我毁灭，但我确实认为地
球能够避免毁灭性的崩溃纯属侥幸。人类对生态系统造
成的压力使地球难以持续，人类的数量太多了，人类对
资源的需求太大了，而且更可怕的是科技正使人类变得
越来越强大，因而暴露出新的弱点。

　　20 世纪初的一位伟大圣人给了我启示。1902 年，
年轻的 H.G.威尔斯在伦敦皇家学会举行了一场著名的
演讲①。他宣称：

　　"人类，……已经走过了一些路程。而且我们走过的
这段距离，让我们对于我们必须要走的路程产生了一些
洞察力……我们可以相信过去的一切只是一个开始的开
始，现在与过去的一切不过是黎明的曙光而已。我们可
以相信，人类的头脑所完成的一切只不过是觉醒之前的

---

　　① H.G.威尔斯于 1902 年 1 月 24 日在伦敦皇家学会发表题为《发现
未来》的演讲，随后出版同名书籍。

梦境。新的智慧将会从我们的血流中涌现，并会回顾我们的渺小、理解远胜于我们所理解的自己。在无尽连绵的岁月中，这样的一天终会到来。在这一天，那些在今天还潜藏在我们思想中的、隐身于我们下半身中的生命，将会站在地球上，就像一个人站在脚凳上一样。他们将笑着伸出双臂，朝向星空。"

一百多年后，威尔斯的优美散文依然会引起人类的共鸣——他意识到，我们人类并不是生命的顶峰。

但威尔斯并不是一位乐观主义者。他同时还强调了全球性灾难的风险：

我们不可能斩钉截铁地断言某些事件不会彻底摧毁我们……并使我们的努力付之东流……来自太空的威胁、瘟疫、某种通过大气传播的疾病、彗尾携带的毒素、地球内部喷发的大量蒸汽、新的捕食者、某种药物，或者人类天性中的破坏性疯狂。

我引用威尔斯的话，是因为他表达了对未来的乐观与焦虑的——以及我将在这本书中试图表达的——预测与科学。如果他在今日写作，他会为我们关于生命和宇宙的视野的极大拓展而欢欣鼓舞，但他必将更加担心人类所面临的危险。风险确实与日俱增。新科学提供了大量的机会，但其后果可能危及人类的生存。许多人担心这是因为"跑得太快"，无论政客还是民众都无法接受或处理这一问题。

＊＊＊

　　你可能会认为，作为一名天文学家，我会彻夜难眠，担心小行星撞击地球，但事实并非如此。事实上，小行星是为数不多的、我们可以量化的威胁之一，并且可以颇有把握地避免。每隔一千万年左右，就会有一个直径数千米的天体撞击地球，造成全球性的灾难，所以在一个人的有生之年内，这样的撞击可以说是"千载难逢"。小一些的小行星也许会造成区域性或局部性的破坏。1908 年的通古斯大爆炸夷平了西伯利亚数百平方千米内的森林（幸运的是，那片区域无人居住），释放出的能量相当于数百枚广岛原子弹。

我们能预先知道这些事件的发生吗？答案是肯定的。目前我们正在计划建立 100 万颗直径大于 50 米的小行星的数据集，它们的轨道有可能穿越地球。我们将会精确地跟踪它们的轨迹，识别那些可能接近并对地球带来威胁的小行星。有了预警，人们就可以提前疏散将会遭遇撞击的地区。甚至还有更好的办法：我们可以制造宇宙飞船来保护我们。在威胁较大的撞击来临的数年前，我们可以在太空中"轻推"小行星，改变其运行速度（仅需每秒几厘米），这样就能使它偏离撞击地球的轨道。

按照通常计算保险费的方式：概率乘以可能遭遇的后果，每年花费几百万美元来降低小行星的威胁无疑是值得的。

但其他的自然危险——地震和火山，则是难以预测的。到目前为止，还没有可靠的方法来阻止它们的发生（甚至连可靠的预测都做不到）。不过关于这些威胁，至少有一点可以令我们安心：它们的频率并没有增加，就像小行星撞击事件一样。不管对我们、对尼安德特人、对恐龙，都一样。但这些事件的后果取决于受到威胁的基础设施具有多大价值，或者说有多脆弱。而在当今世界，基础设施所占的比重要大得多。此外还有一些尼安德特人不会关注的宇宙事件（事实上19世纪以前的人类都不会关注），比如太阳的巨大耀斑。它们带来的磁暴会破坏电网以及世界各地的电子通信。

尽管存在这些威胁，但最令我们焦虑的还是人类自己造成的威胁。如今这些威胁已经隐约可见，而且发生的风险也更大。每过十年，可能引发的灾难规模就会变得更大。

我们已经幸运地逃过一次了。

1.2　核威胁

在冷战时期，军备竞赛常常莫名其妙地升级，超级大国可能会在混乱和误判中就跌跌撞撞地走向世界末日。那是一个"辐射避难所"的时代。在古巴导弹危机中，我和我的同学们参加了守夜和示威活动，我们的心情只能通过听"抗议歌曲"来缓和，比如汤姆·莱勒的歌词："我们一起走，我们一起去，一切都弥漫着炽热的光芒"。但如果我们真正意识到我们离灾难有多近，就会更加恐惧。后来有人援引肯尼迪总统的话说，爆发战争的可能性"在三分之一到一半之间"。罗伯特·麦克纳马拉（Robert McNamara），在他退休很久以后，才坦率地承认："核战争一触即发的时候，我们还没有意识到这一点。能够摆脱那种命运，我们并不值得称赞——赫鲁晓夫与肯尼迪既幸运又聪明。"

如今我们知道那一紧张时刻的更多细节。瓦西里·阿尔基波夫（Vasili Arkhipov）是俄罗斯海军中一名备受尊敬的授勋军官。他在一艘携带核导弹的潜艇上担任二把手。当美国用深水炸弹攻击潜艇时，舰长断定战争已经爆发，要求发射导弹。但流程要求舰上三名军衔最高者全部同意，而阿尔基波夫坚决反对这一行动，因而避免了一场很可能导致灾难升级的核交火。

古巴事件之后的评估表明，就平均而言，冷战期间核武器带来的毁灭风险要比小行星撞击导致的死亡率高出约 1 万倍。事实上，还有更多"一触即发"的时刻。1983 年，俄罗斯空军军官斯坦尼斯拉夫·彼得罗夫（Stanislav Petrov）在监控屏幕时发现"警报"，显示美国向苏联发射了五枚"民兵"洲际弹道导弹。按照规定，发生此类状况时，彼得罗夫应当将警报通知他的上司——后者可以在几分钟内发动核报复。但彼得罗夫凭借自己的直觉推测这是预警系统的故障，决定忽略他在屏幕上看到的东西。事实的确如此，系统将云层反射的太阳光误判成导弹了。

今天，有许多人声称核威慑起到了它的作用。从某种意义上来说，确实如此，但这并不意味着这是一项明智的选择。如果你拿一把装了一颗子弹的左轮手枪玩俄罗斯轮盘赌，你存活的概率当然大于死亡的概率。但要想让这场赌博成为明智的选择，获胜的赌注必然应当高得惊人，除非你把自己的生命价值看得太低。在整个冷战期间，我们都被卷入这样异常的赌博。实际上，我很想知道国家首脑是否认识到他们给我们带来了多大的风险；如果让欧洲公民在知情的前提下投票选择，多数同意的可能性又有多大？就我而言，我不会选择 1/3 或者 1/6 的风险来赌一场灾难的可能性，那场灾难将导致数亿人丧生，并将摧毁欧洲城市的历史建筑——即使另一个选择是接受苏联在西欧的统治地位。当然，核战争的毁灭性后果将会远远超出那些直面威胁的国家范围，尤其是"核冬天"来临之时。

核战争带来的毁灭威胁依然笼罩着我们。唯一的安慰是，由于超级大国之间军备控制的努力，如今的核武器数量比冷战时期减少了 80%——俄罗斯和美国各有约 7 000 枚，并且更少处于"一触即发"的高度戒备状态。

然而，今天有九个核武器国家，而且在地区范围内使用较小规模核武器的风险比以往任何时候都更高，甚至连恐怖分子都有可能使用核武器。此外我们不能确定，在21世纪晚些时候，地缘政治的变化会不会导致超级大国之间新的对峙。新一代人可能会面临自己的"古巴危机"，而且那一危机有可能不会像1962年处理得那么好（或者说不会那么幸运）。高悬在头顶的核威胁只是暂时搁置而已。

第2章将会讨论21世纪的科技——生物、网络与人工智能，以及它们可能预示的东西。科技被滥用的危险越来越高。数以百万计的人将会掌握生物攻击或网络袭击的专业知识和技术——它们不需要像核武器那样的大型专用设备。诸如Stuxnet（震网病毒，摧毁了伊朗核武器计划中使用的离心机）之类的网络破坏活动，以及对金融机构的频繁黑客攻击，已经使这些担忧被提上了政治议程。五角大楼科学委员会的一份报告称，网络攻击（比如强制关闭美国电网）的影响有可能足以与核攻击相提并论①。

但在那之前，还是让我们首先关注人类导致的环境退化和气候变化将会造成怎样的潜在破坏。这些相互关联的威胁具有长期性和隐蔽性。它们源于人类日益沉重的集体"足迹"。除非子孙后代的脚步能够变得较为轻柔（或者人口水平下降），否则有限的地球生态将会遭受超出其负荷限度的压力。

1.3　生态威胁与临界点

五十年前，世界大约有 35 亿人口，现在估计有 76 亿人口，不过增长速度正在放缓。事实上，全世界每年出生人口数在几年前就达到了顶峰，现在呈现下降趋

---

① 国防科学委员会 2013 年 1 月报告，《弹性军事系统和网络威胁》（*Resilient Military Systems and the Cyber Threat*）。彼得雷乌斯将军（General Petraeus）和其他美国高官也表达了类似的担忧。

势。尽管如此，预计到 2050 年[①]，人口将增加至大约 90 亿，或者甚至更高。这是因为发展中国家的大部分人口仍然年轻，这意味着他们尚未生育，也会活得更久。发展中国家的年龄分布图将会变得更像欧洲。目前人口增长最快的是东亚地区。世界的人力和资本资源将会向那里集中，从而结束北大西洋长达四个世纪的霸权。

人口统计学家预测，城市化将会继续发展下去。到2050 年，将会有 70％的人口居住在城市里。即使是更近的 2030 年，拉各斯、圣保罗和德里的人口也将超过三千万。防止大都市成为动荡的反乌托邦，将会成为城市治理的一大挑战。

目前对人口增长的讨论还很少，部分可能是由于对大规模饥荒的悲观预测。例如，保罗·埃尔利希在 1968年的著作《人口爆炸》，还有罗马俱乐部的报告。另

---

① 联合国 2017 年修订的《世界人口展望》（*World Population Prospects*）中预测 2050 年人口将为 97 亿。另一个权威来源是国际应用系统分析研究所（IIASA）的人口项目，该项目估计的数字略低。

外，有些人认为人口增长是一个禁忌话题，它会令人想起20世纪二三十年代的优生学、英迪拉·甘地领导下的印度政策，以及中国曾实行的独生子女政策。最终的事实证明，粮食生产与资源开采跟上了人口增长的步伐。虽然饥荒仍在发生，但原因是地区冲突或分配不均，而不是整体性粮食稀缺。①

　　我们无法为世界规定一个"最优人口"状态，因为我们无法自信地设想2050年以后人们的生活方式、饮食、旅行模式和能源需求。如果每个人都像今天富裕的美国人那样挥霍无度地生活——每个人消耗同样多的能量、吃同样多的牛肉，那么世界上任何地方都无法维持现在的人口数量。而另一方面，即使世界有200亿人口也能过上可持续的生活，如果所有人都遵循素食主义，很少旅行，居住在小型高密度公寓，通过互联网和虚拟

---

　　① 有许多关于世界粮食和水供应的报告，例如2013年由皇家学会和国家科学院（the Royal Society and the National Academy of Sciences）联合编写的《模拟地球的未来》（*Modelling Earth's Future*）。

现实进行交流，这样的生活质量也可以忍受（尽管是禁欲式的）。后一种情况显然不可能，当然也毫无吸引力。但这两个极端之间的差异凸显了一点：用一个不合格的标题数字来衡量世界的"承载能力"是天真的。

一个拥有 90 亿人口的世界，一个 2050 年可能到达（或者甚至会超过）的数字，并不需要发出灾难预警。现代农业——低耕（low-till）、节水，也许还包括转基因作物，再加上更完善的工程技术带来的浪费减少和灌溉改善等，可以合理地满足这个数字。流行的说法是"可持续的集约型发展"。不过这会受到能源的限制——在某些地区，供水将面临严重的压力。这里有几个惊人的数字：种植 1 千克小麦需要 1 500 升水和几兆焦耳的能量，但 1 千克牛肉需要种植小麦 10 倍的水和 20 倍的能量。粮食生产消耗了世界能源产量的 30%、用水量的 70%。

在农业中应用转基因技术将非常有益。举一个具体的例子：世界卫生组织预计，在发展中国家里，5 岁以下儿童有 40％缺乏维生素 A，这是导致失明的主要原因。失明每年会影响数十万儿童。而有一种"黄金大米"，最初在 20 世纪 90 年代开始研发，后来又经过了改进。它能提供维生素 A 的前体β-胡萝卜素，以缓解维生素 A 缺乏症。令人遗憾的是，某些组织，特别是绿色和平组织，阻碍了黄金大米的种植。当然，有人担心"破坏自然"，但在这一情况下，新技术能够为"可持续的集约型发展"提供助力。此外，人们还希望对水稻基因组进行更大幅度的修改（所谓的 C4 途径），增强光合作用的效率，从而使这种世界第一大主食作物能够更快、更密集地生长。

而有两种潜在的饮食创新没有遭遇技术障碍：将昆虫——高营养、高蛋白的昆虫——转化为可口的食物，以及用植物性蛋白制作人造肉。后者的"牛肉"汉堡（主要由小麦、椰子和土豆制成）自 2015 年以来一直由美国加州一家名为"不可能食品"的公司销售。不过这些汉堡还需要一些时间才能满足嗜好肉食的美食家，因为甜菜根汁很难代替血液。但生化学家们正在研究这个问题，他们在探索更复杂的技术。从原则上说，"种植肉类"是可能的：从动物身上提取几个细胞，利用适当的营养物质刺激它们生长。另一种方法称为"无细胞农业"（acellular agriculture），利用转基因细菌、酵母、真菌或者藻类来生产（例如存在于牛奶和鸡蛋中的）蛋白质和脂肪。开发可接受的肉类替代品，既有明确的财政激励，也有生态上的必要性，因此人们可以对它的快速发展保持乐观态度。

我们同样可以在食品以及健康和教育方面保持技术乐观，但很难避免成为政治悲观主义者。改善世界上最贫困人口的生活是一个容易实现的目标，只要提供充足的营养、初等教育机会和其他基础设施即可。主要的障碍存在于政治方面。

如果想把创新的好处扩展到全世界，我们所有人都必须改变生活方式。但这并不一定意味着困苦。实际上，到 2050 年，我们的生活质量至少能和今天最挥霍的西方人一样好，前提是技术得到合适的发展，并有明智的部署。甘地的名言"满足每个人的需求，但不是满足每个人的贪婪"，这未必是在呼吁紧缩，相反，是在要求节约使用自然资源和能源，通过创新来驱动经济增长。

"可持续发展"一词于 1987 年开始广泛传播。当时由挪威首相格罗·哈莱姆·布伦特兰（Gro Harlem Brundtland）担任主席的世界环境与发展委员会（World Commission on Environment and Development）将之定义为"满足当前需要特别是贫困人口的需求，又不危及子孙后代长远需要的协调发展"①。我们无疑都希望能够"签署协议"来实现这一目标，希望到 2050 年时，能够缩小特权阶层享受的生活方式和世界其他地区的生活方式之间的差距。但如果发展中国家都效仿欧洲和北美的工业化道路，这一希望将无法实现。我们期望这些国家

---

① 　《我们共同的未来》（*Our Common Future*），联合国世界环境与发展委员会 1987 年的报告。

直接跳转至效率更高、浪费更少的生活方式。但我们的目标不是反对技术，而是需要更多的技术，只是这些技术需要适当的引导，使它为所需的创新提供支持。更为发达的国家也必须做出这一转变。

今天，信息技术和社交媒体已经遍布全球。非洲农村的农民可以自行获取市场信息，避免受到贸易商的剥削，他们也可以通过电子手段进行交易、转移资金。然而这些技术同样意味着那些生活在世界贫困地区的人们已经意识到他们还缺少什么。如果对比的结果显示过分的不公平，将引发更大的怨恨，激起大规模的迁徙或冲突。对于幸运的国家而言，直接资助那些有难民流离失所的国家（以及停止对原材料的剥削性开采）来促进更大程度的平等，不仅是出于道义上的需求，也是一项利己主义的选择。这样能减少受剥削者迁徙到别处找工作后给本国造成的压力。

然而，长期目标往往倾向于拖延政治议程，因为政客会被眼前的问题所压倒，并关注下一次选举。欧盟委员会主席让-克洛德·容克（Jean-Claude Juncker）说：
"我们都知道该怎么做。我们只是不知道做完这一切之
后该如何再次当选。"①他说的是金融危机，但他的话更
适用于环境问题的挑战（它的进展之缓慢令人沮丧，与
联合国的可持续发展目标处境相仿）。

　　可做的事情与实际发生的事情之间，存在着令人沮
丧的鸿沟。仅靠提供更多的援助是不够的。如果要使这
些利益渗透到发展中国家，就需要稳定的社会、开明的
政治和有效的基础设施。苏丹大亨莫·易卜拉欣（Mo
Ibrahim）的公司让移动电话进入非洲，他在 2007 年设
立了 10 年内 500 万美元的奖金（以及之后每年 20 万美
金），表彰非洲国家的模范及廉洁领导人。这就是易卜
拉欣奖，即非洲领袖成就奖，已经实行了五年。

　　国家层面的行动未必是最好的。当然，有些改革需
要多国合作，但许多卓有成效的改革更需要在当地推

----

　　① 引用自《经济学人》（ the Economist ）2007 年 3 月 15 日容克
（ Juncker ）的评论。

行。文明城市拥有巨大的机会来成为探路者，引领发展中国家的大都市所急需的高科技创新。这些大都市面临的挑战尤其艰巨。

短期主义并非选举政治的独有特征，私人投资者通常也没有足够长远的眼光。对于房地产开发商而言，除非能在（比如说）30 年内获得回报，否则他们不会建造新的办公楼。事实上，城市中的大多数高楼大厦只有 50 年的"设计寿命"（对于我们当中那些不满于自己在天际线上所占位置的人来说，这是一种安慰）。超过这一事件范围的潜在利弊都不被计算在内。

那么更遥远的未来会是什么样子呢？我们很难预测 2050 年之后的人口趋势，它将取决于今天的年轻人和那些尚未出生的人想要多少孩子，以及他们的生育间隔。强化教育和赋予妇女权利——当然这本身就是优先事项——能够降低目前生育率最高地区的人口出生率。但这种人口结构的转变还没有抵达印度和撒哈拉以南的非洲地区。

　　在非洲的一些地区——尼日尔或者埃塞俄比亚的农村，每一名妇女的平均生育数量依然超过 7 人。尽管生育率可能会下降，但根据联合国的说法，非洲人口有可能在 2050—2100 年间再翻一番，达到 40 亿，从而使全球人口增加到 110 亿。仅尼日利亚一国的人口数，就会相当于欧洲与北美人口的总和。世界上几乎一半儿童都会在非洲。

　　乐观主义者提醒我们，每多一张嘴，就会多一双手和一颗大脑。尽管如此，人口越多，对资源的压力就越大，尤其是发展中国家如果致力于在人均消费方面缩小与发达国家的差距，那么压力就会更加明显，而且对非洲来说，摆脱"贫困陷阱"尤为困难。实际上，有些人已经指出，即使儿童死亡率较低，非洲的文化偏好也可能会导致大家庭持续存在。如果发生这种情况，在权衡世界人口增长的负面外部影响时，人们也许会质疑联合国宣布的基本权利之一：选择家庭规模的自由。

　　我们必须期待 2050 年后的世界人口将会减少而不

是增加。即使能满足 90 亿人口的需求（通过良好的治理和高效的农业），即使消费品的生产成本降低（比如通过 3D 打印），即使"清洁能源"变得更加丰富，但食物的选择性依然会受到限制，生活质量将会因为过度拥挤和绿地的减少而下降。

1.4 保持在行星的限度之内

我们已然深入人类纪。这个术语由保罗·克鲁岑（Paul Crutzen）推广。他是确认上部大气层正被氯氟烃消耗殆尽的科学家——而这些化学物质被广泛用于喷雾罐和冰箱中。1987 年的《蒙特利尔议定书》通过了对这些化学物质的禁令，它似乎是一个鼓舞人心的先例，但这一做法之所以有效，是因为能在不必付出巨大经济成本的情况下找到氯氟烃的替代品。可悲的是，要应对人口增长所导致的其他（更重要的）人为的全球性变化——这些变化要求更多的食物、能源和其他资源——

就没有那么简单了。所有这些问题都曾经被广泛地讨论过，但令人沮丧的是缺乏实际行动——对政客而言，眼前的利益比长期利益更重要，地区利益大于全局利益。我们想问的是，各国是否需要遵循现有的联合国主导下的机构方针，为新的组织赋予更多的特权？

人口增长与气候变化带来的压力将导致生物多样性消失——如果粮食生产或生物燃料所需的额外土地侵占了太多的天然森林，这种影响还会加剧。气候变化与土地用途的变更结合在一起，会抵达"临界点"。这些临界点相互影响，将会导致失控和潜在的不可逆变化。如果人类对自然的整体影响太大，如斯德哥尔摩的环保主义者约翰·洛克斯特伦（Johan Rockström）所说的那样，给"地球限度"造成了过大的压力[①]，由此带来的"生态冲击"可能会使我们的生物圈变得贫瘠，并且不可逆转。

---

① 斯德哥尔摩复原中心（the Stockholm Resilience Centre）在 2009 年的一份报告中阐述了"行星边界"（planetary boundaries）的概念。

为什么这一状况非常重要？如果鱼类近乎灭绝，我们就会受到伤害。热带雨林中的某些植物可能对我们具有药用价值。但在生物多样性的实际利益之上，还有着一种精神价值。用著名生态学家 E.O. 威尔逊（E.O. Wilson）的话来说：

环保主义世界观的核心是坚信人类的身体与精神健康取决于地球……自然生态系统——森林、珊瑚礁、蓝色海洋——维持着这个世界，一如我们所希望维持的样子。我们的身体与精神，进化为适应这个特定行星环境的样子，而不是适应任何其他星球。①

灭绝率不断上升，在我们远未读完生命之书以前，我们便已经在摧毁它了。譬如，具有"超凡魅力"的哺乳动

---

① 这句话引自 E.O. 威尔森的《创造：拯救地球生命的呼吁》（*The Creation: An Appeal to Save Life on Earth*. New York: W. W. Norton, 2006）。

物数量正在下降①。某些物种已经濒危。在 6 000 多种青蛙、蟾蜍和蝾螈中，许多都已非常脆弱。这里还要再次引用威尔逊的话："如果我们的行动导致了大规模的物种灭绝，那将是未来几代人最不能原谅我们的罪过。"

　　顺便提一句，伟大的宗教信仰能够成为我们的盟友。我是教皇科学院（the Pontifical Academy of Sciences）（一个普世机构，它的 70 名成员代表了各种信仰，也包括无信仰）的理事会成员。2014 年，剑桥大学的经济学家帕塔·达斯古普塔（Partha Dasgupta）与加州斯克里普斯研究所（Scripps Institute）的气候科学家拉姆·拉马纳坦（Ram Ramanathan），在梵蒂冈共同组织了一场关于可持续性与气候变化的高端会议②。这为 2015 年的教皇

――――――――――――

　　① Charismatic Megafauna，具有超凡魅力的巨型动物，是指具有广泛吸引力的大型动物物种，常被用于环保活动，譬如企鹅、大熊猫、欧洲野牛等。
　　② 2014 年 5 月 2 日至 6 日的会议，题为"可持续的人类，可持续的自然：我们的责任"（Sustainable Humanity, Sustainable Nature: Our Responsibility）由教皇科学院（the Pontifical Academy of Sciences）和教皇社会科学院（the Pontifical Academy of Social Sciences）共同主办。

通谕《赞美你》（*Laudato Si*）提供了及时的科学动力。天主教会超越了政治分歧，没有人能否认它的全球影响力、持久性、长期愿景，以及对世界贫困人口的关注。教皇在联合国受到起立鼓掌欢迎，他发出的讯息引发共鸣，特别是在拉丁美洲、非洲和东亚。

　　这一通谕还明确表示教宗赞同方济各会的观点，即人类有义务关怀所有被天主教徒认为是由"上帝创造"的一切——除了对人类有益之外，它的存在本身就有价值。这种态度与一个多世纪前阿尔弗雷德·拉塞尔·华莱士（Alfred Russel Wallace）表达的观点产生了共鸣。他是"自然选择"这一概念的共同发现者：

　　我想到在过去的漫长岁月里，这些美丽的物种代代相传……没有聪慧的眼光去欣赏它们的美丽。从表面看来，这是对美的肆意浪费……这一想法必然会提示我们，并非一切有生命的东西都是为人类而生的……它们的幸福与快乐、它们的爱与恨、它们为生存做出的奋

斗、它们的生存与死亡，似乎只是与它们自己的幸福和
永恒存续直接相关。①

　　教皇通谕为 2015 年 12 月在巴黎气候会议上达成协
议铺平了道路。它雄辩地宣称，我们的责任——对我们
的孩子、最贫困人口，以及我们对生活多样性的责
任——要求我们不能留下一个枯竭而危险的世界。

　　我们必然都会怀有这样的感情。但我们的世俗机
构——经济和政治机构——并没有做好足够长远的计
划。我将在最后几章里讨论这些威胁对科学和治理造成
的严峻挑战。

　　法规能够提供帮助，但除非公众的心态发生改变，
否则法规无法获得施行的动力。

　　例如，近几十年来，西方对于吸烟和酒驾的态度发
生了明显的变化。我们需要类似的态度转变，使得明显

---

　　①　引自阿尔弗雷德·拉塞尔·华莱士（*The quote is from Alfred Russel Wallace*）《马来群岛》（*The Malay Archipelago*. London： Harper， 1869）。

的过度消耗和物质与能源的浪费被大众视为"庸俗"而非时尚——如 4x4 SUVs 型车（这种车在伦敦会被轻蔑地称为切尔西的拖拉机，因为它们会堵塞高档街区的道路）、户外取暖器、灯火通明的房屋、精心制作的塑料包装、盲从于快速变化的时尚等。事实上，在没有外部压力的情况下，也会出现远离过度消费的趋势。对我们这一代人而言，我们的生活空间（起先是一间学生宿舍，后来是更宽敞的房间）被书籍、CD 和图片"个性化"。而现在，书籍和音乐能在互联网上获得，因而在未来，我们也许不会对"家"再有过多的眷恋。我们将会变得来去自如，尤其是当更多的商业和社交活动能在互联网上完成之时。"共享经济"可以取代消费主义。如果出现这种情况，发展中国家就必须绕过欧洲和美国所经历的高能量生活，直接过渡到这种生活方式。

　　有效的宣传需要与令人难忘的标志联系在一起。在英国广播公司（BBC）2017 年的系列纪录片《蓝色星球Ⅱ》中，一只信天翁从数千英里外的南部海洋觅食归来，然而它的幼鸟所得到的食物并非富有营养的鱼，而是塑料碎片。这样的画面宣传和理由激励了塑料回收，因为不去回收塑料，塑料就会聚积在海洋（以及海洋生物的食物链）中。同样，北极熊紧紧抓住融化的浮冰也是一幅长期的标志性图案（尽管有些误导），它象征了气候变化的危机——这是我的下一个话题。

1.5 气候变化

世界将变得更加拥挤。这里还有第二个预测：天气将会逐渐变暖。随之而来的全球气候变化将会加剧粮食供应和整个生物圈的压力。气候变化还凸显了科学、公众和政客之间的紧张关系。（与人口问题相反，气候问题肯定未曾经过讨论，尽管 2017 年美国特朗普政府禁止在公开文件中使用"全球变暖"和"气候变化"这两个术语。但令人沮丧的是，气候变化的影响并没有得到应有的重视。）

至少有一个趋势没有争议，空气中的二氧化碳浓度正在上升。这主要是燃烧化石燃料的缘故。科学家查尔斯·基林（Charles Keeling）使用夏威夷莫纳罗亚天文台（Mauna Loa）的设备测量二氧化碳浓度，该设备自1958年以来持续运行至今（基林于2005年去世后，他的儿子拉尔夫继承了这个项目）。同样没有争议的是，空气中的二氧化碳浓度上升导致了"温室效应"。温暖地球的阳光以红外辐射的形式重新发射出来，就像温室玻璃挡住了红外辐射（尽管它能让光线通过），二氧化碳同样扮演了毛毯的角色。自19世纪以来，人们就知道二氧化碳能在地球的大气层、陆地和海洋中捕捉热量。二氧化碳浓度上升会导致气温长期变暖的趋势。这种趋势会与其他导致气候波动的复杂因素叠加在一起。

　　如果大气的其他成分都保持不变，唯有二氧化碳的浓度增加一倍，将会导致地球上空的平均温度提高1.2℃——这是一个简单的计算，但我们还不清楚的是，水汽、云层和洋流将会发生什么变化。我们不知道这些反馈过程有多重要。政府间气候变化专门委员会（IPPC）于2013年发布的第五次报告给出了预测的分布，有些情况是显而易见的（尽管不太确定）。特别是如果每年的二氧化碳排放量不受控制地持续上升，将可能引发剧烈的气候变化并导致未来几个世纪处于毁灭性境况，包括格陵兰岛与南极洲不可逆的冰川融化，而这还只是起始反应，最终这一过程将令海平面上升许多米。值得注意的是，全球气温上升的"标题数字"只是一个平均值。令这一影响更具破坏性的是，某些地区的气温上升速度将会更快，而且会引发区域气候模式的剧烈变化。

气候辩论因为在科学、政治和商业利益上过于模糊而受到打压。有些人不喜欢 IPCC 的预测产生的影响，他们贬低科学，而不是追求更准确的科学。如果那些反对现行政策的人认识到改进和巩固预测的必要性——不仅在全球范围，更重要的是针对个别地区——那么这场辩论将更具建设性。剑桥和加利福尼亚的科学家们[1]正在进行一项"生命迹象"项目，该项目的目标是运用大量气候和环境数据，找出当地气候趋势（干旱、热浪等）中导致平均气温上升的最直接的相关因素。这可能会给政客提供一些比全球变暖更贴切、更容易理解的证据。

大气中二氧化碳的积聚率将取决于未来的人口趋势，以及世界对化石燃料的持续依赖程度。但即使是放眼于具体的二氧化碳排放场景，由于存在难以确定的反馈机制导致的"气候敏感因素"，我们也无法预测平均气温上升的速度。IPCC专家们的共识是，如果人口不断增长，并且对化石燃料的依赖程度继续上升，那么22世纪气候变暖6℃的可能性将在5％以上。如果我们把目前削减二氧化碳排放的措施视为一项保险

---

① 《持怀疑态度的环保主义者》（*The Skeptical Environmentalist*，Cambridge University，2001）。哥本哈根共识成立于2002年，由哥本哈根环境评估研究所（the Environmental Assessment Institute in Copenhagen）主持制定。

政策，那么它的主要出发点是为了避免某些将会造成真正危害的微小可能性（比如气温上升6℃），而不是那些有50％可能性的、会造成严重损害但终究可以承受的事件。

巴黎会议公布的目标是防止平均气温上升2℃——如果可能的话，最好能限制在1.5℃以下。如果我们想要减少突破危险"临界点"的风险，这将是一个合理的目标。但问题在于，该如何实施呢？在不违反这一限制的前提下，可以释放的二氧化碳量是不确定的"加倍"：原因很简单，我们并不知晓气候的敏感因素。因此这一目标并不能令人满意，而且显然会增强人们对化石燃料的兴趣，"促进"预测精度更低的科学发现。

尽管在科学以及人口和经济预测方面都存在不确定性，但有两点是重要的：

（1）在未来的二三十年内，地区气候模式的破坏将会加剧对食物和饮水的压力，导致更多的"极端事件"和移民现象。

（2）在世界继续依赖化石燃料的情况下，我们无法排除这种可能性：到21世纪后期，将会突破临界点、发生灾难性的全球变暖，引发格陵兰冰盖融化之类的长期趋势。

但即便是那些同意上述两点、并且认为存在一个世纪后发生重大气候灾难风险的人，他们对于今天应该如何倡导紧急行动的看法也并不一致。他们的评估取决于对未来增长的预期，以及对技术修复能力的乐观程度。然而最重要的是，这还取决于一个道德问题——为了子孙后代的利益，我们应该在多大程度上限制自身的满足。

比约恩·隆伯格（Bjørn Lomborg）因他的《多疑的环保主义者》一书获得了显赫的名声（以及许多气候学家眼中的"恶棍名声"）。他组织了一场经济学家的哥本哈根会议，针对全球问题与政策发表意见①。这些经济学家们采用了一种标准贴现率（standard discount rate），从而实际上抵消了 2050 年之后将会发生的事情。在这一时期内，灾难发生的风险确实会很小，因此不出意外地，他们降低了应对气候变化的优先次序，更多地去关注其他帮助全世界贫困人口的方法。但正如尼古拉斯·斯特恩（Nicholas Stern）②和马丁·沃尔兹曼（Martin Woltzman）③所说，如果你采用一种更低的贴现率（discount rate），并且不以出生日期为由进行歧视，关注那些将会活到 22 世纪以后的人，那么你也许会认为，现在做一笔投资，保护那些后代免于面对最坏情况，将会是值得的。

---

① 参与这个项目的科学家包括位于拉荷亚的加利福尼亚大学圣迭戈分校的 C.肯内尔（C. Kennel）、英国的艾米莉·沙克伯格（Emily Shuckburgh）和斯蒂芬·布里格斯（Stephen Briggs）。

② 《关于气候变化经济学的斯特恩评估报告》（*The Stern Review Report on Economics of Climate Change*），英国财政部，2006。

③ G.瓦格纳（G. Wagner）与 M.沃尔兹曼（M. Woltzman），《气候冲击与全球变暖的经济后果》（*Climate Shock and the Economic Consequences of a Hotter Planet*，Princeton，NJ：Princeton University Press，2015）。

考虑一下这个类比：假设天文学家在追踪一颗小行星，并且计算出它将在 2100 年撞击地球。当然，撞击并不是确定无疑的，而是（比如说）只有 10％ 的可能。我们是不是会放松下来，轻松地说："这是一个可以搁置五十年的问题，因为到那时候人们将会变得更为富有，而且最终它肯定会避开地球"？我不认为我们会这样想。我们将会达成一种共识，认为我们应当马上着手，尽最大的努力，设法让它偏离轨道，或者减轻由它所带来的影响。我们将会意识到，今天的许多儿童将会活到 2100 年，我们需要关心他们。

（插一句，我要指出的是，有一种政策背景适用于基本为零的贴现率：埋藏到地下深处的放射性废物处置，例如正在芬兰的安克罗建造的存储点，以及计划中［但后来流产了］修建于美国尤卡山下的存储点。存储点要求能在一万年内甚至一百万年内防止核泄漏，讽刺的是，我们甚至不能提前 30 年规划剩余的能源政策。）

1.6 清洁能源——以及"B计划"?

为什么各国政府对气候变化的威胁反应迟钝？这主要是因为议程中往往会遗漏对子孙后代（以及世界贫困地区人口）的关心。事实上，推动二氧化碳减排（比如通过征收碳排放税）的困难在于任何措施不仅会影响未来几十年，而且还会在全球范围内扩散。2015年巴黎会议上做出承诺，每五年更新和修订一次，那是积极的一步。但除非公众持续关注这一问题，除非这一问题持续出现在媒体和政客们的邮箱里，否则会议上引人瞩目的问题终究会再次从议程上消失。

20世纪60年代，斯坦福大学的心理学家沃尔特·米歇尔（Walter Mischel）做了一些经典的实验。他给孩子们两个选择：马上得到一颗棉花糖，或者等待15分钟后得到两颗。他宣布说，那些选择延迟满足的孩子长大后会变得更加快乐和成功[①]。这恰似今天各国面临的困境：如果

---

① W.米歇尔（W. Mischel）、Y.苏达（Y. Shoda）和M.L.罗德里格斯（M.L. Rodriguez），《儿童的延迟满足》［Delay of Gratification in Children, *Science* 244（1989）：933-938］。

优先考虑短期回报——立刻满足，那么子孙后代的福祉就会受到威胁。基础设施与环境政策的规划周期需要考虑今后五十年乃至更长的时间。如果你关心子孙后代，那么你会发现，用房地产开发商计算办公楼项目时采用的利率水准来贴现未来，是一种不道德的行为。而这种贴现率正是气候政策辩论中的一个关键因素。

许多人希望我们的文明能够顺利走向低碳的未来。但是政客们不会因为坦诚地提倡一种不受欢迎的生活方式而获得很多选票——特别是它所带来的益处需要在遥远的将来——未来的几十年后——才能看到。事实上，适应气候变化的选项，要比减缓气候变化的选项更容易获得支持，因为前者能在局部地区获得明显的益处，比如古巴沿海地区很容易受到飓风和海平面上升的影响，因而古巴政府精心制定了一项时间跨度长达一个世纪的应对计划。①

① 《古巴的气候改善百年计划》（Cuba's 100-Year Plan for Climate Change），*Science* 359（2018）：144-145。

不过尽管如此，至少还有三项措施似乎具有政治上的现实性，实际上它们几乎是"双赢"的。

第一项措施，各国可以设法提高能源效率，从而真正地节约资金。可以采取奖励措施来保证建筑物采用"绿色"设计，这不仅仅要考虑保暖隔热，还要重新规划建筑物的整体结构。举个例子，在拆除一幢建筑的时候，它的某些构件——比如钢梁和塑料管道——几乎没有老化，可以重复利用。此外，还可以在一开始就用更巧妙的方式设计钢梁，让它在保持同样强度的前提下减轻重量，从而减少钢铁生产。这体现了一个正在获得更多支持的概念：循环经济，它的目标是尽可能循环使用更多的材料①。

技术进步通常会使机器设备更有效率，因此报废旧机器是有意义的，但前提是提升的效率至少应当足以弥补设备更新的额外成本。电器和车辆可以采取更加模块

---

① 在英国，循环经济由于一位广受崇敬的公众人物——单人游艇环游世界的艾伦·麦克阿瑟（Ellen MacArthur）——积极倡导而获得关注。

化的方式设计，这样就可以通过升级其中某些部件而不是整体丢弃达到更新。电动汽车也许会受到鼓励，并将在 2040 年占据主导地位，这一变化将会减少城市内的污染（和噪声），但它对二氧化碳浓度的影响还取决于电池充电的来源。

有效的行动需要观念的转变。我们需要重视持久的产品，并且敦促生产商和零售商强调产品的耐用性。我们需要修理和升级，而不是替换，或者干脆什么也别做。资源消耗的象征性减少会令我们认为自己是善良的，但这还远远不够，如果每个人只做一点点，我们能收获的也只会有一点点。

第二项"双赢"措施的目标是减少甲烷、悬浮碳颗粒和氯氟烃的排放。这些都是增强温室效应的辅助因素。但与二氧化碳不同的是，它们也会造成局部地区的污染——例如在中国的某些城市——人们会有更强的动机来减少它们的排放（在欧洲国家，减少污染的努力面临这样一种障碍：20 世纪 90 年代，有一种支持柴油汽车的压力，因为柴油汽车具备更好的燃油经济性，这一情况直到近来才被逆转，原因是人们意识到柴油汽车排放的污染性颗粒会威胁城市人口的健康）。

第三项措施是最为关键的。各国应当将研发扩大到所有形式的低碳能源生产（可再生能源、第四代核能、核聚变等）与其他技术上，某些项目并行发展将至关重要，特别是智能电网和电力存储。这就是为什么2015年巴黎会议上的成果令人鼓舞：会议上提出了一项名为"使命创新"的倡议，它是由时任美国总统奥巴马和印度总理纳伦德拉·莫迪（Narendra Modi）发起的，并得到七国集团、印度、中国和其他11个国家的支持。这一倡议希望各国承诺到2020年能将投入清洁能源研发领域的公共资金增加一倍，并开展彼此合作。这是一个合适的目标。目前只有2％的公共资金专门用于应对这些挑战。为什么这一领域的资金支出比例不能与医疗或者国防领域相当呢？比尔·盖茨和其他私人慈善家已经做出了类似的承诺。

阻碍全球经济"脱碳"的问题在于可再生能源的生产成本依然很高。这些"清洁"技术进展越快它们的价格就会越早下降，于是发展中国家就越能负担得起——也就是那些需要电力的国家、那些燃烧木头或动物粪便以至于让烟雾损害了贫困人口健康的国家、那些也许会去建造燃煤发电站的国家。

太阳给地球表面提供的能量是人类对能源总需求的5 000 倍。亚洲和非洲的光照特别充足，而那里的能源需求增长也最快。与化石燃料不同的是，太阳能不会产生污染，也不会导致矿工死亡。太阳能也不像核能，它不会残留放射性废料。太阳能已经在印度和非洲的几千个远离电网的村庄展示了自己的竞争力。但在更多的地方，它仍然比化石燃料昂贵，只有补贴或者通过电网回购，才使其具有经济上的可行性。但这些补贴迟早必须停止。

如果太阳（或风力）成为我们的主要能量来源，我们就需要找到办法储存它们，以便在夜晚或者没有风的白天仍有电力供应。人们在改进电池和扩大电池规模上已经做了很大的投资。2017 年底，埃隆·马斯克（Elon Musk）的太阳城（SolarCity）公司在澳大利亚南部某地安装了一组 100 兆瓦容量的锂离子电池。其他可行的储能方案包括蓄热、电容、压缩空气、飞轮、熔盐、抽水和氢气。

向电动汽车的转变，推动了电池技术的发展［汽车电池对重量和充电速度的要求，高于家庭或者"饲养工厂"（Battery Farm）］。我们需要高压直流电网来更有效地远距离传输电能。从长远来看，这些电网应当横贯大陆——将太阳能从北非和西班牙输送到阳光不太充足的北欧，还有东西地区的相互输送，以应对北美和欧亚大陆不同时区的用电高峰。

对于年轻的工程师们而言，很难想象还有什么挑战能比为世界设计清洁能源系统更加激动人心。

除了太阳能和风能之外，其他发电技术也有各自的地区生态位：冰岛很容易获得地热；海浪发电也同样可行，当然它们和风力发电一样变幻莫测。利用潮汐中蕴含的能量似乎很有吸引力，潮汐时海水的涨落是可以预测的，但除了刚好能产生很大海水高度差的几个地区之外，实际上并没有太大的希望。英国西海岸就是其中一个地区，那里的潮水涨落高度差可达15米。某些海岬以及周围地区会在潮汐时出现海水快速涨落，关于如何利用涡轮机从中获取能量，已经有了一些可行性研究。在塞文河宽阔的河口上修建一座水坝，能产生相当于好几座核电站的电力，但由于担心对生态环境的影响，这项建议仍有争议。还有一种替代方案涉及潮汐潟湖，它通过修筑堤坝来封锁几英里宽的海域，内外海平面的高度差便可以用来驱动涡轮机。潟湖方案的优点在于其成本主要用于低技术和长期的土木工程，它们可以在几个世纪内分期偿还。

目前的预测表明，清洁能源可能还需要几十年才能满足我们所有的需求，特别是在发展中国家。如果太阳能、氢气和电池——这些似乎是目前最好的选择——的储能不足,那么到 21 世纪中叶,备用能源依然是需要的。如果将天然气发电和碳封存(捕获并储存碳、CCS)相结合,也就是从发电站排放的废气中提取二氧化碳,永久储存于地下,那将是可以接受的。

有些人声称,应当将二氧化碳降低到工业化之前的水平,这不仅需要封存未来发电站的碳排放,还要"吸收"过去一个世纪以来排放出的二氧化碳。然而这一做法的益处并不明显。20 世纪的世界气候并不是"最佳"的,最大的害处是,人类活动造成的变化速度远远快于自然变化的速度,因此自然界和我们自身都很难适应。不过如果人们认为值得进行这种削减,那么有两种方法可实现这一目标。一种是直接从大气中萃取,这种方法虽然可行,但效率很低,因为二氧化碳只占大气成分的 0.02%;另一种是种植作物,那些作物当然应该能吸收大气中的二氧化碳,我们可以拿它们做生物燃料,然后捕获(并掩埋)发电站燃烧作物时重新排放的二氧化碳。从原则上说,后一种方法很不错,但它也有严重的

问题。因为种植作物需要土地（这些土地本可用于种植
食物，或者保留为天然林），而且永久封存数十亿吨的
二氧化碳并不容易。这一方案还有一个技术含量较高的
版本：使用"人工树叶"，把二氧化碳直接纳入燃
料中。

　　核能又是什么角色？我本人赞成英国和美国至少有
一座采用新一代技术的核能发电站，但核泄漏事故——
尽管不大可能发生——的危险性也会引起公众的焦虑和
政治舆论的突变。2011年福岛第一核电站的灾难发生之
后，反对核能的情绪不仅在日本（不出所料地）高涨，
在德国也同样如此。此外，除非建立受到国际监管的核
燃料库，由其提供浓缩铀，并负责清理和储存核废料，
还要加上需要严格执行的安全规范、确保放射性物质不
会用于武器生产的反核扩散协议，否则人们无法对全球
性的核能计划放心，就像担心廉价航空的飞行一样。

　　尽管人们对广泛应用核能存在矛盾心理，但推动研
发至各种第四代概念将是值得的。那些概念可能会证明

核能更加灵活和更加安全。在过去 20 年里，这个行业一直处于相对的休眠状态，当前的设计可以追溯到 20 世纪 60 年代，或者更早。特别值得研究的是经济性的小型标准化模块核反应堆，它可以量产，并且体积足够小，可以在工厂组装，再运往最终地点。此外，20 世纪 60 年代的一些设计值得重新考虑——尤其是基于钍（thorium）的反应堆。它的优点在于地壳中钍的含量比铀丰富，而且产生的危险废弃物也较少。

20 世纪 50 年代以来，人们一直在尝试利用核聚变——太阳的能量之源来提供能量，但它的前景却在不断缩小：商用的核聚变发电至少还要 30 年。人们面临的挑战在于如何用磁力将气体约束在几百万摄氏度的高温——与太阳中心同样的温度，以及设计出能够承受长时间辐射的反应堆材料。尽管成本极高，但核聚变的潜在回报也是巨大的，值得继续进行实验研究和原型开发。此类努力中规模最大的是位于法国的国际热核实验反应堆（ITER），韩国、英国和美国也在进行类似的项目，只是规模较小。美国的劳伦斯利弗莫尔国家实验室（Lawrence Livermore National Lab）正在探索另一种替代方案，采用巨型激光器的汇聚激光束轰击并内爆微小的氘颗粒，但这个国家项目主要是一个国防项目，它为氢弹实验提供能在实验室进行的替代品。所谓控制核能的承诺只是一块政治遮羞布。

"恐惧因素"和无助感夸大了公众对核辐射的畏惧，其结果是所有裂变与聚变项目，哪怕辐射水平极低，都受到过分关注并因此受阻。

2011 年的日本海啸夺走了 3 万人的生命，主要是因为溺水。它还摧毁了福岛第一核电站。这座核电站没有得到足够的保护，无法抵御高达 15 米的水墙，而且它的设计不够合理（例如应急发电机处于较低的位置，结果被洪水淹没），因而造成放射性物质的泄漏与扩散。周围村庄的疏散也缺乏统筹，一开始只疏散了核电站周围 3 公里以内的村庄，后来扩展到 20 公里，再后来扩展到 30 公里，并且没有充分考虑风力会导致污染传播不均这一因素。有些被疏散的人不得不连续搬迁三次，有些村庄至今仍然无人居住，这对居民的长期生活带来了毁灭性的后果。实际上，精神创伤和糖尿病等其他健康问题，已被证明比辐射的危害性更大。许多疏散人员，特别是老年人，宁愿接受很高的癌症风险，换取在熟悉的环境中自如生活。他们应该有权做出这样的选择（同样地，切尔诺贝利核电站事故后的大规模疏散也未必符合疏散人员的最佳利益）。

对于低辐射风险的指导方针过于严格，使得核能利用的经济状况更加恶劣。自从位于苏格兰北部的敦雷快速反应堆停止运营后，到2030年为止，需要花费数十亿英镑进行"临时清理"，而在接下去的几十年中还会有更多的支出。到22世纪为止，累计将有近1 000亿英镑的预算用于将英格兰的塞拉菲尔德核电站恢复成"绿地"。另一个政策问题是，如果城市中心遭遇"脏弹"（混有放射性物质的传统化学爆炸）袭击，也需要进行疏散。但正如福岛事故所显示，目前的指导方针会导致疏散的持续时间过长、执行力度过于激进。核事故的余波尚未平息之时，并不是进行冷静辩论的最佳时机。正因为如此，所以现在需要对这个问题重新进行评估，并且广泛传播明确和适当的指导方针。

***

在气候方面又会发生什么变化呢？我的预测很悲观：人们缺乏动力去做出政治上的努力，以促进脱碳能源的生产。而且即使巴黎承诺得以兑现，大气中的二氧化碳浓度依然会在未来 20 年中加速上升。但到那时候，我们也会更有把握——以更长时间的数据和更精确的建模为基础，了解水汽和云层的反馈效应到底会有多强。如果"气候敏感性"较低，我们便可以松一口气。但如果"气候敏感性"较高，那也许意味着气候正在沿着不可逆转的轨道进入危险区域（IPCC 第五份报告中描述的气温上升最剧烈的情况），进而产生"恐慌局势"

下的压力。它可能会引发某种"B计划"——以宿命论的态度继续依赖化石燃料，同时对所有化石燃料发电站的碳捕获与储存进行大量投资，以此消除二氧化碳排放到大气中的影响。

更有争议的是旨在积极控制气候的地球工程[①]。"温室效应"可以通过（举例而言）在上层大气中投放反射性气溶胶或者在太空中设置巨大的遮光板来抵消。向平流层投放大量化学物质来改变世界的气候，这一做法似乎是可行的，但事实上，最可怕的地方在于一个国家甚至一家公司的资源便足以执行这一计划。此类地球工程面临的政治问题也许是不可克服的，同时它们也许会具有未曾预料的副作用。另外，此类措施一旦停止，全球变暖便将卷土重来，而且它们并不能遏制二氧化碳浓度升高所带来的其他后果。

---

① 关于地球工程的一项杰出调查是奥利弗·莫顿（Oliver Morton）的《再造星球：地球工程如何改变世界》（*The Planet Remade: How Geoengineering Could Change the World*，Princeton：NJ：Princeton University Press，2016）。

此类地球工程将是彻底的政治噩梦。并非所有国家都希望以同样的方式调节地球这个恒温器。我们需要非常精确的气候模型，以便计算任何人为干预将会带来的地区影响。如果某个国家或者某个人因为恶劣的天气遭受指控，那将是律师们的巨大福音（但是请注意，另一种完全不同的对策——直接从大气中抽取二氧化碳——不会引发焦虑。目前的看法认为这一措施在经济上并不可行，但它不会遭到非议，因为它破坏的只是人类已经在执行的地球工程：通过燃烧化石燃料改变全球气候）。

　　尽管地球工程缺乏吸引人之处，但它们依然值得我们去探索，弄清哪些选择是有意义的，或许还能消除人们对于采用技术"快速解决"气候问题的过度乐观情绪。而将面临的复杂治理问题加以分类，并确保在气候恶化到需要采取紧急行动之前澄清这些问题，也是明智的做法。

　　正如前言中所强调的，当今是第一个人类可以影响整个地球的时代：包括气候、生物圈和自然资源供应。

变化正在以几十年为尺度发生，这远远快于地质历史上发生的自然变化。然而在另一方面，它又是足够缓慢的，能让我们在集体或者国家的基础上有时间制定计划、做出反应——缓解或者适应气候的变化，改变我们的生活方式。从原则上说，这些调整是可行的，尽管本书的主题聚焦在令人沮丧的方面：技术可行性与现实可行性之间的差异。

我们应当成为新技术的传道者，没有它们，就没有那些让我们的生活比前几代人更美好的东西。没有技术，世界就无法为更多的人口以及不断增加的需求提供粮食和可持续能源。但技术也需要明智的引导。可再生能源系统、医疗和高科技食品生产（人造肉等）将是明智的目标，而地球工程技术可能没有那么明智。不过科学与技术上的突破也许会骤然发生，并且难以预测，以至于我们可能无法妥善加以处理。如何在避免不利因素的同时妥善利用科学技术，将是重大的挑战。下一章的主题，便是新技术的承诺与威胁之间的紧张关系。

2 人类在地球上的未来

2.1　生物技术

　　罗伯特·波义耳因提出气体压力和密度关系的
"波义耳定律"而闻名。他被誉为"聪敏与好奇的绅
士"，在 1660 年创立了伦敦皇家学会，也就是今天的
英国科学院。学会中这些男性（其中没有女性）称呼
自己为"自然哲学家"（"科学家"这一术语直到 19 世
纪才出现）。用弗朗西斯·培根（他所写的文字深深影
响了他们）的话来说，他们是"光明的商人"，为了自
身的利益追求启蒙。但他们也是那个时代的务实者，
他们的目标是"改善人类的生活"（再次引用培根
的话）。

　　波义耳是个博学家。1691 年去世后，人们在他的论
文中发现了一张手写的笔记，那是一份对人类有益的发
明"愿望单"①。他用他那个时代的古典用语描述了许
多设想。在三个多世纪后的今天，其中一些已经实现，
而另一些仍未实现。这里是他列出的一部分：

---

　　①　罗伯特·波义耳（Robert Boyle）的档案，费利西蒂·亨德森
（Felicity Henderson）在 2010 年皇家学会报告中特别提及。

- 延长寿命。

- 恢复青春，或者至少恢复一部分青春的印记，譬如类似青年时期的新牙齿、新发色。

- 飞行的技艺。

- 长时间处于水下的技艺，并能在水下自由行动。

- 狂躁癫痫与癔症者身上表现出的巨大力量和灵活性。

- 加速种子生产。

- 制作凸面和凹面镜片。

- 精确可行的求经度的方法。

- 能够改变或者提升想象力、清醒度、记忆力和其他能力的药物，以及能够平息疼痛、帮助睡眠、遏制多梦等的药物。

- 永恒的光。

- 改变矿物、动物和植物的种类。

- 拥有巨大的体积。

- 不再需要长时间的睡眠。通过茶、兴奋剂，或者像疯子那样，保持清醒。①

任何一个来自波义耳所在的 17 世纪的人，如果穿越到现代，都会对现代世界感到惊讶，惊讶程度远远超过来到波义耳世界的罗马人。而且许多变化仍在加速。新技术——生物、网络和人工智能正在飞速发展，以至于连未来十年内的变化都难以预测。对于那些威胁我们这个拥挤世界的危机，这些技术也许会提供新的解决方案。但在另一方面，它们也可能产生一些问题，让我们的世纪旅程更加艰难。进一步的发展取决于研究实验室里的发现，这也使得发展的速度尤难预测。举例而言，核能技术以 20 世纪物理学为基础，其与以 19 世纪物理学为基础诞生的蒸汽与电力带来的改变自是不可比的。

生物技术的一个"头条"趋势，是基因测序成本的直线下降。"人类基因组初稿"曾是一项"大科学"，是

---

① 可以在这个网址找到该列表：https://www.telegraph.co.uk/news/uknews/7798201/Robert-Boyles-Wish-list.html。

预算高达 30 亿美元的国际合作项目。2000 年 6 月，在白宫召开的新闻发布会上该项目宣布完成。但到了 2018 年，基因测序成本已经降到 1 000 美元以下。很快，我们所有人都能轻松地进行基因测序，而这也带来一个问题：我们真想知道自己是否携带了某些增加特定疾病风险的基因吗？①

　　不过还有一项进展值得关注——合成基因组的速度变得更快、成本变得更低。早在 2004 年，人类就已经合成了脊髓灰质炎病毒——这是一种预兆。到 2018 年，这项技术已经非常先进。事实上，克雷格·文特尔，美国生物技术专家兼商人，正在研发一种基因合成设备。它其实是一种基因编码的 3D 打印机，哪怕只能复制短基因组，也会有许多用途。疫苗"代码"可以通过电子方

---

　　① 关于这些发展，有两本通俗易懂的书籍：詹妮弗·A·杜德纳（Jen-nifer A.Doudna）和塞缪尔·S·斯特恩伯格（Samuel S.Sternberg）所著的《创造中的裂缝》（ A Crack in Creation ，Boston：Houghton Mifflin Harcourt，2017）（詹妮弗·杜德纳是 CRISPR/Cas9 的发明者之一），和席达莎·慕克吉（Siddhartha Mukherjee）所著《基因：亲密的历史》（ The Gene: An Intimate History ，New York：Scribner，2016）。

式发送到世界各地，这意味着，为了对抗新的流行疾病而研制出的疫苗，能够在全球迅速传播。

人们通常会对"违背自然"的创新及其风险感到不安。例如，疫苗接种和心脏移植都曾引发过争议。近来的关注焦点则是胚胎研究、线粒体移植和干细胞。我之前曾密切关注英国的一场辩论，它促进了一项法案的出台：允许对14天以内的胚胎进行实验。这场辩论组织得很好，过程中，研究者、议员和广大民众进行了建设性的接触。反对观点来自天主教会，他们的一些代表分发小册子，将14天的胚胎描述为成型的"人类"。科学家们适当地强调了其中的误导之处：这种早期胚胎实际上仅是微观可见的，而且只是尚未分化的细胞群。不过，更加老练的对手会回应说，"我知道，但他依然是神圣的"，而科学对此无法反驳。

相比之下，关于转基因作物和动物的辩论，在英国处理得不太好。甚至在公众充分参与之前，孟山都，一家大型农业化学公司就已经与环保主义者完全对立了。

孟山都被指控剥削发展中国家的农民，逼迫他们每年购买种子。而更多的公众则受到报纸发起的运动影响，反对"弗兰肯斯坦食品"①。当我们得知科学家可以"创造出"能在黑暗中发光的兔子时，我们会感觉到"不快"，那是许多人对马戏团虐待动物的行为感到厌恶的升级版。尽管转基因作物已经被三亿美国人消费了整整十年而没有产生明显的损害，但在欧盟内部，它们依然受到严格的限制。正如1.3节所提到的，为了解决食物不足的问题，向营养不良的儿童提供转基因食品的计划，受到了反转基因运动的阻碍。不过人们确实担心，核心作物（小麦、玉米等）基因多样性的减少，可能会令全世界的粮食供应更容易受到植物疫病的影响。

相比于早期技术，新的基因编辑技术，CRISPR / Cas9，能以更可接受的方式修改基因序列。CRISPR /

①　译注：弗兰肯斯坦是英国作家玛丽·雪莱笔下的生物学家，他最后被自己创造的怪物毁灭。现在不少欧洲人把转基因食物称作"弗兰肯斯坦食品"。

Cas9 可以对 DNA 序列进行微小的修改，抑制（或改变）受损基因的表达。但它并没有"跨越物种屏障"。在人类身上，基因编辑被用于最良性和最无争议的方面，被用来去除导致特定疾病的单一基因。

体外受精（IVF）提供了一种比 CRISPR/Cas9 侵害性更小的方式来清除有害基因。在这一过程中，首先通过激素治疗诱导排卵，获得卵细胞，进行体外受精，并使之发育到早期阶段，随后测试每个胚胎中的细胞，检查是否存在不良基因，然后选择一个没有不良基因的胚胎，植入体内，进行正常怀孕过程。

目前还有另一种技术能够替换特定种类的缺陷基因。某些遗传物质存在于一种被称为线粒体的细胞器中，它与细胞核是相互独立的。如果某个有缺陷的基因位于线粒体中，就可以用另一位女性的线粒体来替换它，从而产生"三亲婴儿"。2015 年，英国议会将这项技术合法化。下一步将是对细胞核中的 DNA 进行基因编辑。

在公众的心目中，同样是人工医疗干预，去除有害的内容与提供上述类似的"增强"技术之间，存在着明显的差别。绝大多数特征（身高、智力等），都是由许多基因共同决定的。只有掌握了数以百万计的人类 DNA 数据，才有可能确定基因的相关组合（使用人工智能辅助模式识别系统）。要不了多久，这一知识便可以用于 IVF 的胚胎选择。但修改或重新设计基因组则是一个更为遥远的（自然也是更危险和更可疑的）前景。当然不必等到那个时候，只要人们可以根据处方对 DNA 进行测序——"设计婴儿"，想象便会成为可能（注意这个词组！）。有趣的是，目前还不清楚父母会对"增强"（而不是应用更加可靠的单基因编辑技术，消除特定疾病或残疾的潜在风险）孩子抱有多大的期望。20 世纪 80 年代，加利福尼亚建立了生殖选择存储库，目的是启动"设计婴儿"的概念。它是一个精子银行，也被称为诺贝尔奖精子银行，因为它只接收"精英"捐赠者，包括威廉·肖克利，他是晶体管的共同发明者和诺贝尔奖得主，后来因为支持优生学而声名狼藉。他惊讶于大部分人对于"设计婴儿"没什么需求，而绝大多数人对此都很欣慰。

医学与外科学取得的进展，以及可以满怀信心期待的未来几十年中能够出现的进步，将被赞美为纯粹的恩赐。但它们也会激化某些伦理问题，特别是它们将会使生命最初和最后阶段所面临的困境变得更加尖锐。延长寿命自然是受欢迎的，但更大的问题是我们的晚年能有多长的健康时光，又有多少年的生命需要通过极端措施延长。当生活质量和预后情况降到某个界限之下时，许多人会放弃医治，选择单纯的姑息疗法。我们惧怕在晚期老年痴呆中坚持多年，这样既浪费资源，又消耗他人的同情。同样地，人们也必定会质疑，挽救极早早产儿或先天受损婴儿是否真有必要。例如，2017年底，一支英国的外科医生队伍——带着崇高的奉献精神——拯救一个心脏位于体外的婴儿。

比利时、荷兰、瑞士和美国几个州已将"安乐死"合法化，从而保证一个精神健全的绝症患者能在帮助下平静死亡。亲属、医生或其助手，可以通过必要的程序，避免因"协助自杀"而受到刑事诉讼。英国议会还没有批准类似的法律。反对意见基于宗教的基本原则，认为这类行为违背医生的道德准则，并且担心弱势者有可能会受到家人的压力或是出于不愿成为他人负担的动机而选择这一程序。尽管 80％ 的公众都支持"安乐死"，但英国坚持己见。我坚定地站在那 80％ 一边。知道自己能有这个选择会让很多人感到放心，尽管他们中的大多数并不会实际走到这一步。现代医学与外科学显然适合我们中的绝大多数，适合我们生命中的绝大部分时间，而且我们也完全能够期待未来几十年的继续进步将会带来更长时间的健康生活。然而，我期待（并且期望）能出现一股力量推动管制下的安乐死合法化。

　　医学进步的另一个后果，是模糊了生与死之间的界限。死亡现在被定义为"脑死亡"——所有可测量的大脑活动迹象都告消失。这是移植外科医生决定何时能够"取出"人体器官时所用的标准。但是，"脑死亡"后可以人为重新启动心脏的建议，进一步模糊了这条界限。这项建议只是为了能够在更长时间里保持目标器官的"新鲜"。它给移植手术带来了进一步的道德歧义。"代理人"已经在引诱贫困的孟加拉人出售肾脏和其他器官，并以高价转售，使富有的潜在接受者受益。我们都看过令人心痛的电视画面：一位患儿的母亲恳求说，她"急需捐献者"——换言之，她急需另一个孩子的死亡（譬如在某个致命事故中）——来提供所需的器官。这些道德上的暧昧将连同器官捐献者的短缺一起延续下去（实际上是愈演愈烈），直到异种器官移植——从猪或其他动物身上采集器官供人类使用——成为常规和安全的方法。还有一种更好也更前卫的方式，我们或许能开发出制造人造肉的技术，用3D打印的方式实现器官的替代。这些都是应该优先考虑的技术进步。

微生物学中关于诊断、疫苗和抗生素的进步为维持健康、控制疾病和遏制流行病的实现提供了可能。但是，这些也引发了病原体自身的"反击"，这将是危险的。人们担心抗药性，担心细菌通过进化（加速的达尔文选择），对抑制它们的抗生素产生免疫能力。例如，结核病（TB）就因为这点而死灰复燃了。除非开发出新的抗生素，否则无法治疗的术后感染风险将飙升到一个世纪前的水平。在短期内，当务之急是防止抗生素的过度使用，比如防止对美国的牛过度使用，并鼓励开发新的抗生素，尽管对制药公司来说，这些抗生素的利润不如控制长期症状的药物来得高。

至于有关病毒的研究，虽能有助于开发出改良的疫苗，但却也存在争议。例如，在 2011 年，两个分别在荷兰和美国威斯康星州的研究小组，展示了 H5N1 流感病毒的惊人致命性和传染性——与自然趋势形成对比的是，这两个特征成反比关系。这些实验的理由是，领先自然突变一步，就更有可能及时制备疫苗。但对许多人而言，危险病毒被不小心释放的风险，以及足以构成生物恐怖威胁的技术被广泛传播的可能性，完全抵消了这种益处。2014年，美国政府停止资助这些所谓的功能增益性实验。但在

2017 年，这项禁令被放宽了。2018 年发表的一篇论文报道了马痘病毒的合成，暗示天花病毒也可以被类似地合成①。这项研究由艾伯塔省埃德蒙顿的一个小组进行。一些人质疑它的合理性，因为人们已经发现了一种安全的天花病毒，并且已经将之保存入库；而其他人则认为，即使这项研究是合理的，也不应公开发表。

如前所述，在人类胚胎上使用 CRISPR/Cas9 技术的实验引发了伦理上的关注。而且，生物技术的迅速发展将带来更多问题，譬如人们担心实验的安全性、"危险知识"的传播，以及有关它如何应用的伦理问题。这些进程不仅会影响个体甚至会影响后代，改变种系，这一点令人不安。曾有一项尝试，目的是消灭传播登革热和寨

① 这篇论文由艾伯塔大学（University Of Alberta）的 D.埃文斯（D. Evans）和 R.诺伊斯（R.Noyce）发表在 2018 年 1 月 19 日的《PLOS One》上，并在"科学新闻"（Science News）上做了讨论。Ryan S.Noyce，Seth Lederman 和 David H.Evans，《从化学合成的 DNA 片段构建传染性马痘病毒疫苗》（*Construction of an Infectious Horsepox Virus Vaccine from Chemically Synthesized DNA Fragments*），PLOS one（2018/1/19）：https://doi.org/10.1371/journal.pone.0188453。

卡病毒株的蚊虫，其成功率为90％。在英国，人们使用一种"基因驱动技术"来清除北美灰松鼠。这种松鼠被当作一种害兽，威胁了可爱的红松鼠品种（一种更温和的策略是改造红松鼠，使其能够抵抗灰松鼠传播的副痘病毒）。目前人们正在讨论类似的技术，如通过消灭入侵物种，特别是黑鼠，来保护加拉帕戈斯群岛的独特生态。但值得注意的是，著名生态学家克里斯·托马斯在他最近的著作《地球的继承者》中指出，物种的传播往往能对保护生态环境的多样性和强健产生积极影响。[①]

1975年，在重组DNA研究的早期，一群著名的分子生物学家在美国加利福尼亚太平洋丛林的阿西洛马会务酒店聚首，确定了哪些实验该做、哪些实验不该做的指导方针。这个看似令人鼓舞的先例后来又促成了几次由国家研究院召集的会议，在会议上，学者们以同样的精神讨论最近的事态发展。但在第一次加州阿西洛马会议召开40多

---

① 克里斯·D.托马斯（Chris D.Thomas），《地球的继承者》（*Inheritors of the Earth*，London：Allen Lane，2017）。

年后的今天，研究界的国际化程度更高，受到商业影响也更大。我担心，任何基于审慎或伦理理由而实施的监管，都无法在全球范围内执行——就像毒品法或税法一样。只要是技术上能做的事，总会有人在某个地方去做，那将是一场噩梦。与制造核武器所需的精密、显眼的专用设备不同，生物技术用的是小型两用设备。事实上，生物黑客正在蓬勃发展，甚至成为一种爱好、一种竞争性游戏。

早在2003年，我就为此担忧，并预测，到2020年，由生物疏忽或生物恐怖导致100万人死亡的概率为50%。令我惊讶的是，我的许多同事认为发生灾难的可能性比我预想的还要大。但在最近，心理学家与作家斯蒂芬·平克和我打赌不会发生这种事，赌注是200美元。我热切希望输掉这个赌注，不过《人性中的善良天使》[①]一书的作者会保持一种乐观态度，并不让我感到意外。平克这本引人

---

① 斯蒂芬·平克（Steven Pinker），《人性中的善良天使：暴力为何减少》（*The Better Angels of Our Nature: Why Violence Has Declined*, New York: Penguin Books, 2011）。

入胜的书中充满了乐观主义。他引用的数据显示，暴力和冲突呈令人欣慰的下降趋势，但由于以前有些灾难并没有被全球新闻网络报道出来，所以这一下降趋势被掩盖了。不过，这种趋势可能会让我们陷入过度的自信中。在金融界，得失是不对称的：多年的渐进式收益可能会被突然的损失所抵消。在生物技术的流行中，风险同样是罕见然而危害极大的事件。而且随着科学赋予我们更多的能力，也因为我们的世界如此紧密相连，潜在的最严重灾难一旦发生，规模便将空前扩大。对于这一点，太多的人却避而不谈。

顺便提一句，当今社会灾难大流行的概率将远远高于前几个世纪。14 世纪中叶的欧洲，即使黑死病使人口几乎减半，村庄也能继续存在，幸存者对巨大的死亡人数持有宿命论的态度。与此相反，在今天较富裕的国家，民众的权利感是如此强烈，一旦医院人满为患，卫生服务不堪重负，患病者不得不滞留在家里，社会秩序就会崩溃。这种情况也许会在受感染人数尚不足 1‰ 的时候就发生。然而最高的死亡率很可能会出现在发展中国家的大型城市里。

　　流行病是一种永远存在的自然威胁，但担忧生物疏忽或生物恐怖所带来的人为风险，仅仅是杞人忧天吗？遗憾的是，我并不这么认为。我们都非常清楚，技术专长并不能保证心态的平和。地球村里总会有些愚昧的村民，而且他们的所作所为将会影响整个地球。我们无法预测或控制人工释放的病原体如何传播。这一认识限制了政府甚至是有着明确目标的恐怖组织使用生物武器（这就是为什么我在 1.2 节集中讨论核威胁和网络威胁的原因）。所以我最担心的是一位心态失衡的"独行者"，他拥有生物技术的专业知识，认为地球上的人口太多，并且也不在乎有谁或者有多少人会被感染。生物技术和网络技术对高科技团体（甚至个人）的授权日益扩大，这将对各国政府造成棘手的挑战，并加剧自由、隐私和安全之间的紧张关系。最有可能的是，社会将转向更多的侵扰和更少的隐私（事实上，人们轻率地将自己的私密细节发布到 Facebook 上，而我们对无处不在的视频监控也持默许态度，现状表明这种转变几乎不会遭遇到什么阻力）。

生物疏忽和生物恐怖在短期内——10 年或 15 年内很有可能发生。从长远来看，随着"设计"与合成病毒成为可能，这种可能性将进一步加剧。这种"终极"武器将会把高致死率和普通感冒的传播性结合在一起。

生物学家在 2050 年以及之后会给我们带来什么进步？弗里曼·戴森（Freeman Dyson）预测，下一代人将会设计和创造新的有机体，就像他那一代人经常摆弄化学设备一样[1]。如果有一天，我们能够"在餐桌上扮演上帝"，我们的生态（甚至人类这个物种）将不可能永远安然无恙。然而戴森不是一位生物学家。他是 20 世纪顶尖的理论物理学家之一。但与大多数理论物理学家不同，他是一个有着发散性思维的思想家，经常表现出

---

[1]　弗里曼·戴森（Freeman Dyson），《地球和天空的梦想》（*Dreams of Earth and Sky*，New York：Penguin Random House，2015）。

与其职业完全相反的倾向。譬如，早在 1950 年代，他就加入了一个名为"猎户座计划"（Project Orion）的小组，那是一个纯思辨探索小组。那个小组的目标是实现星际旅行，动力来自（防护良好的）飞船后面的氢弹爆炸（核动力推进）。甚至在 2018 年，戴森对于紧急应对气候变化的必要性依然保持怀疑。

对老龄化的研究正在被严肃地列为优先事项。福利将会增加吗？或者衰老是一种可以治愈的"疾病"？严肃的研究集中在端粒即染色体末端的 DNA 片段上。随着年龄的增长，端粒将会逐渐缩短。线虫的寿命也许可以增加十倍。但在更加复杂的动物身上，影响并没有那么显著。延续老鼠寿命的唯一有效方法是让它们保持近乎饥饿的状态。但有一种并不讨喜的生物，裸鼹鼠，也许会给我们上一节特殊的生物课：有些裸鼹鼠能够比其他个体多活三十年，这是其他小型哺乳动物寿命的好几倍。

在延长人类寿命方面的任何重大突破都将极大地改变人口预测的结果，带来的社会影响当然也会是巨大的。衰老的年份是否也会延后，妇女进入更年期的年龄是否会随着总寿命的增加而延迟，这些都会给社会带来影响。但随着对人类内分泌系统理解的深入，通过激素治疗来进行各种类型的增强将成为可能。这些增强之中，也可能会包括某种程度的寿命延长。和其他类似技术一样，延长寿命的优先对象也偏向于富人。富人对延长寿命的渴望是如此强烈，以至于给未经检验的异国疗法创造了一个现成的市场。Ambrosia，一家创立于 2016 年的公司，向硅谷高管提供"年轻血液"输血服务。最近流行的另一种药物是二甲双胍，这是治疗糖尿病的药物，但据说可以预防痴呆和癌症。还有一些人盛赞胎盘细胞的作用。克雷格·文特尔（Craig Venter）拥有一家名为"人类长寿"的公司，该公司获得了 3 亿美元的启动资金，超过了 23andMe（这是一家能为我们分析基因组成分的公司，其分析能揭示一些我们感兴趣的结果，比如是否有患上某些疾病的风险，以及我们的祖先是谁）。文特尔的目标是分析人类肠道中成千上万种的

"虫子"基因组。人们相信（非常确信），这个内在的"生态系统"对我们的健康至关重要。

硅谷对于"永葆青春"的"推动"，不仅源于那里聚集的巨额财富，也是因为那里本来就是一个以青年为基础的文化中心。超过 30 岁的人，被视为"年华不再"。未来学家雷·库兹韦尔（Ray Kurzweil）认为，我们将会达到人类寿命的"逃逸速度"——医学发展如此之快，以至于每年的预期寿命都会增长一年以上，从而实现潜在的永生。他每天会服用 100 多种营养补充剂，有些是正常的，有些则非常"独特"。但他担心"逃逸速度"也许不能在他的"自然"寿命期限内到达。所以他想冷冻自己的躯体，直到实现那个"点"。

我曾经接受过一群"冷冻"狂热分子的采访，他们的总部设在加州，名为"废除非自愿死亡协会"。我告诉他们，我宁愿在英国的墓地里终结我的人生，也不愿在加州的冰箱里结束我的生活。他们嘲笑我是个"死刑犯"——真的很守旧。后来我惊讶地得知，英国有三位学者已经注册了"冷冻"服务（不过我很高兴，他们都不是我所在大学的）。两位支付了全款，第三位选择了打折项目，仅仅冻结头部。这些合同是和美国亚利桑那州斯科茨代尔市一家名为Alcorp的公司签订的。这些同行很现实。他们承认复活的机会很小，但他们同时也指出，如果不做这项投资，那么机会只能是零。所以他们戴上了一枚徽章，上面带有在他们死亡之后立即冷冻他们，并用液氮替换体内血液的指示。

对我们大多数人来说，很难认真对待这一愿望；此外，就算冷冻计划真有成功的可能，我认为也并不令人钦佩。如果Alcorp没有破产，并且尽职尽责地履行若干个世纪的冷冻与管理，那么尸体将会在一个陌生的世界里复活——他们将成为来自过去的难民。他们也许会得到宽容的对待，就像我们认为我们应该宽容对待在困境中寻求庇护的难民或是被迫离开自己家园的亚马孙土著一样。但不同之处在于，"解冻的尸体"将会加重后代的选择负担，所以我们在当下并不清楚他们会如何对待这件事。这让人想起一部科幻小说中的类似困境，尽管那并不见得永远是科幻：针对克隆尼安德特人一事，一位专家（斯坦福大学的教授）质疑："我们是该把他放进动物园，还是送他去哈佛？"

2.2　网络技术、机器人技术，以及人工智能

细胞、病毒和其他生物微结构，本质上都是"机器"，由带有分子尺度的组件——蛋白质、核糖体和其他诸如此类的东西构成。我们把计算机的巨大进步归功于我们在纳米尺度上制造电子元件技术的快速发展，这让我们能将所有生物级的复杂性都装进处理器中，为智能手机、机器人和计算机网络提供动力。

感谢这些革命性的进步，互联网及其附属设备创造了历史上最迅速的新技术"渗透"以及最全面的全球化。它们在非洲和中国的普及速度几乎超过了所有"专家"的预测。消费级电子产品和基于网络的服务丰富了

我们的生活，它们创造了数十亿美元的价值。而对发展
中世界的影响，则展示了应用科学是如何以最佳的方式
改变贫困地区的。宽带互联网即将通过低轨道卫星、高
空气球或者太阳能无人机实现全球覆盖，它将进一步促
进教育、现代医疗和农业技术的普及。即使是最贫穷的
人也可以由此跨入互联经济，并享受社交媒体——尽管
许多人仍然未能享受到 19 世纪的技术进步带来的好
处，譬如合理配置的卫生设施。非洲人可以使用智能手
机获取市场信息、进行移动支付，以及诸如此类的事
情。中国则拥有世界上最为自动化的金融体系。这些发
展产生了"消费者盈余"，并给发展中世界带去了企业
精神和乐观情绪。而旨在消除疟疾等传染病的有效计划
又强化了这些益处。根据皮尤研究中心（Pew Research
Center）的数据，82％的中国人和 76％的印度人，认为
他们的孩子将比他们自己更好。

　　印度人现在拥有电子身份证，这使他们可以更容易
地登记注册，享受福利。这张卡不需要密码。"虹膜识

别"软件可以使用我们眼中的静脉图像,这是一种对指纹或者面部识别技术的实质性改进。它足以在 13 亿印度人中准确识别出特定个体,并且预示了人工智能的发展将给未来带去什么样的好处。

语音识别、人脸识别和类似的应用程序,使用一种名为"广义机器学习"(generalised machine learning)的技术。它的运作方式类似于人类使用眼睛的方式。人类大脑中的"视觉"区域通过多阶段过程整合来自视网膜的信息。逐层处理过程识别水平线、垂直线、锐角及其他信息;每一层所处理的信息都来自"更低的"一层,并将之输出至其他层[①]。

基础的机器学习概念可以追溯到 1980 年代。重要

---

① 默里·沙纳汉的《技术奇点》(*The Technological Singularity*, Cambridge, MA: MIT Press, 2015)和玛格丽特·博登(Margaret Boden)的《AI: 性质和未来》(*AI: Its Nature and Future*, Oxford: Oxford University Press, 2016)中概述了这些技术的发展;马克斯·泰格马克(Max Tegmark)的《生命 3.0: 成为人工智能时代的人类》(*Life 3.0: Being Human in the Age of Artificial Intelligence*, New York: Penguin Random House 2017)中提供了更为思辨性的"收益"。

的先驱者之一是英裔加拿大人，杰弗里·辛顿（Geoffrey Hinton）。但是其应用直到二十多年后才真正"起飞"。这要归功于摩尔定律——计算机的速度每两年提升一倍——的稳定生效，它意味着计算机的处理速度提升了1 000倍。计算机使用"蛮力"实现了这点。它们阅读了数百万页的多语种欧盟文件来学习如何翻译（它们永远不会感到无聊！），它们"碾碎"数百万张不同角度的图像，来学习如何识别猫、狗和人类的脸。

DeepMind 正在引领激动人心的进步。它是一家位于伦敦的公司，现在属于谷歌。DeepMind 的联合创始人兼CEO 戴米斯·哈萨比斯（Demis Hassabis）是一个早熟的天才。13岁的时候，他就成为国际象棋冠军，在全世界排名第二。他本可以在15岁时进入剑桥，但他延迟了两年才入学。在此期间，他从事了电子游戏的开发工作，其中包括极为成功的《主题公园》①。在剑桥学习

---

① 译者注：Theme Park，传奇游戏公司"牛蛙（Bullfrog）"的第一部主题系列游戏。

计算机科学之后，他创办了一家电脑游戏公司。后来他回到学术界，并在伦敦大学获得博士学位，随后在认知神经科学领域从事博士后工作，研究了情景记忆的本质，以及如何在神经网络中模拟人类脑细胞群。

2016 年，DeepMind 取得了令人瞩目的成就——计算机击败了世界围棋冠军。看起来这似乎并没什么大不了，因为自从 IBM 的超级计算机"深蓝"击败国际象棋世界冠军加里·卡斯帕罗夫（Garry Kasparov）以来，时间已经过去了 20 多年。但这是一个真正的"规则的改变"。"深蓝"的程序是由专业选手编写的。相比之下，AlphaGo 通过吸收巨量的对局情况以及自我对局，获取专业知识。它的设计者并不知道它将如何做出决定。在2017 年，AlphaGo Zero 又前进了一步：人们只向它提供了规则——没有真正的对局数据——由它从头开始学习，结果它在一天之内具备了世界级水平。这令人震惊。一篇科学论文描述了这一壮举，其最终得出的结论是：

数千年来，人类从数以百万计的对局中积累的围棋知识，并提炼为定式、口诀和书籍。而在几天的时间里，AlphaGo Zero 从空白出发，便能重新发现大部分的围棋知识，还有新奇的策略，为这一最为古老的游戏提供新的见解[①]。

使用类似的技术，它在没有专业知识输入的情况下，在几小时内达到了卡斯帕罗夫的国际象棋水平。在日本将棋中也有类似的情况。卡内基梅隆大学（Carnegie Mellon University）的一台计算机已经学会了诈唬和计算，就像一个最老练的职业扑克玩家。但卡斯帕罗夫本人也强调说，在类似国际象棋这样的游戏中，人类具有独特的"附加价值"。而且，一个人加上一台机器的组合所能完成的事情，将会超越单独的任何一方。

---

① David Silver 等,《摆脱人类经验的围棋》(Mastering the Game of Go without Human Knowledge)， *Nature* 550 （2017）： 354 – 359。

人工智能依靠分析大量数据以及快速响应复杂输入的能力，获得了超越人类的优势。它擅长优化精心设计的网络，比如电网或城市交通。谷歌宣称，由机器管理的大型数据工场，能够节约40％的能源。但这里依然存在局限性。AlphaGo的硬件使用功率高达数百千瓦。相比之下，AlphaGo的韩国挑战者李世石的大脑仅需消耗大约30瓦（类似于一个灯泡），而且除了下棋，他还能做许多其他事情。

　　传感器、语音识别和信息检索技术正在快速发展，而机器人（虽然会有更大的滞后）也将会具有物理灵活性。如系鞋带、剪趾甲、在真正的棋盘上移动棋子，在这些事情上，机器人仍比孩子笨拙。但在这方面已同样有所进步。2017年，波士顿动力公司展示了一个名叫亨德尔（Handle）的机器人（早期四足大狗的后继者）。它具有轮子和两条腿，灵活得足以进行后空翻。不过机器人与现实世界的互动能力要想超越人类体操运动员，或者像猴子和松鼠那样，从一棵树敏捷地跳到另一棵树上，还需要很长时间。它们远未达到人类整体多样化能力的水平。

　　不断增强计算机的运算能力，使得机器学习成为潜在的重大突破口。它让机器得以获取专业知识——不仅在游戏中，更是在脸部识别、不同语言间的翻译、网络管理等方面——而且并不需要细节化的编程。不过它对人类社会的影响也是矛盾的。没有"操作员"了解机器是如何做出决定的。如果人工智能系统中具有某个"bug"（错误），并没有确切的办法去追踪它。如果系统的"决定"有可能对个人造成严重后果，那它将会引发公众的关注。如果我们被判处关进监狱，或者被建议去做手术，或者哪怕只是信用评级不佳，我们都期望能得到一个解释，并且能对其进行申辩。如果这些决定完全委托给算法，我们当然会感到不安，哪怕有令人信服的证据表明：总体而言，机器所做的决定，好于那些被它们挤掉的人。这些人工智能系统的整合，将会对日常生活产生影响，并会变得更具普遍性和入侵性。我们的所有行为记录、我们与他人的互动、我们的健康状况，以及我们的财务数据，都将置于"云"——跨国企业的准垄断管理之下。这些数据可能会被善意应用（譬如医学研究，或者向我们提出早期健康风险警告），但互联网公司对它们的使用正在改变政府与商业世界之间的力量平衡。事实上，与最为专制或者"控制狂"之类的传统雇主相比，今天的雇主能够以更具侵略性的方式监控个体员工。另外，还会有其他隐私问题。如果餐馆或者公共交通工具里邻近的随机陌生人可以通过面部识别来辨认你的身份、侵犯你的隐私，你会高兴吗？或者，如果关于你的"伪造"视频显得十分可信，又会不会让你无法再信任视觉证据？

2.3　我们的工作将会怎样

我们的生活模式——包括获取信息和娱乐的方式，以及社交网络——已经发生了巨大的改变，其程度是 20

年前无法想象的。此外，根据支持者对未来几十年的预期，人工智能此刻还仅仅处于"婴儿阶段"。显然，在以后，工作的性质会发生重大变化，它将不仅为你提供收入，还会为我们的生活和社交带来意义。所以，最主要的社会和经济问题是：这个"新机器时代"是否会类似于早期的颠覆性技术，譬如铁路和电气化，并且创造足够多的就业机会，至少填补因其造成的失业？或者，这次也许会和以前不同？

过去十年，欧洲和北美的非技术人员的实际收入在下降。他们的就业保障也在下降。尽管如此，一个补偿性的因素为我们所有人带来了更大的主观幸福感：日益普及的数字世界带来了消费者盈余。智能手机和笔记本电脑的迭代迅速。我认为，能够访问互联网的价值远远超过一辆汽车，而且前者要便宜得多。

显然，机器将接管制造和销售的大部分工作。它们可以取代许多白领的工作：日常法律工作（比如产权转让）、会计、计算机编程、医疗诊断，乃至手术。许多

"专业人士"会发现他们辛苦习得的技能将会面对更少的需求。相比之下，一些技术性的服务工作（譬如管道维护和园艺）因为需要与外部世界进行非常规交互，于是将成为最难自动化的工作。举一个很多人引用的例子，美国三百万卡车司机的工作有多脆弱？

在拥有独立道路的特定区域内——市中心的指定区域，或者高速公路的特殊车道——自动驾驶汽车可能会迅速被接受。在田野里，也可以使用无人驾驶机器进行耕种和收割。但目前尚不清楚的是，自动化车辆在面临所有日常驾驶的复杂问题，例如行驶在蜿蜒狭窄的道路上，或与自行车之类人力驱动的车辆和行人共用城市街道等情况时，是否也能安全行驶。我想公众会对自动化车辆上路持反对意见。

完全自动驾驶的汽车，会比人类驾驶汽车更安全吗？如果前方有个物体阻碍了道路，它能区分出那是一个纸袋、一条狗，还是一个孩子吗？据说它还不能绝对准确地做到这一点，但会比一般的人类驾驶员做得更好。这是真的吗？有人会说是的。如果汽车能通过无线相互连接，它们还可以通过分享经验来加快学习。

另一方面，我们不应忘记，每一项创新在一开始都是冒险——想想铁路或者如今司空见惯的外科手术，它们在刚诞生时都是开创性的。关于道路安全问题，这里是英国的一些数据：1930年，当时道路上只有100万辆汽车，年死亡人数超过7 000；2017年，尽管道路上的汽车数量比1930年增加了30倍，但死亡人数仅有约1 700——为原来的1/4[①]。这一趋势的部分原因是道路更完善，但主要还在于车辆更加安全——得益于卫星导航（satnavs）和其他电子设备的引入。这种趋势将持续下去，使驾驶变得更加安全和轻松。不过，与混合交通共用普通道路的全自动车辆，将是一个真正的转折性变化。我们有理由对这种转变的可行性与可接受度保持怀疑。

---

① https://en.wikipedia.org/wiki/Reported_Road_Casualties_Great_Britain。

而要解雇卡车和汽车司机，可能会需要更长的时间。与此同时，让我们考虑民用航空正在发生什么。尽管航空旅行一度十分危险，但现在它非常安全。在 2017 年，全球范围内，没有任何预定航班发生死亡事故。大部分飞行都是由自动驾驶仪完成的。只有在紧急情况下才需要人类飞行员。但令人担忧的是，他或者她，也许不会在关键时刻保持警觉。2009 年，一架由巴西里约热内卢飞往巴黎的法航飞机坠毁在南大西洋，这暴露了可能存在的问题：在紧急情况下，飞行员花费了太多时间恢复自己对飞机的控制，并且错误地加剧了问题。另一方面，有自杀倾向的飞行员也能造成自动驾驶无法阻止的毁灭性事故。登上一架没有飞行员的飞机，会让乘客放松吗？我对此表示怀疑。但航空运输也许会接受无人驾驶飞机。小型无人机具有广阔的发展前景。事实上，在新加坡，已经有计划重新部署运载工具，靠无人机飞越街道。但即使对于这样的应用，我们也对规避碰撞的风险过于自信了，特别是在无人机数量剧增的情况下。

对于一般汽车也不能排除软件故障和黑客攻击的风险。汽车中有越来越复杂的软件和安全系统,我们已经可以看到其中蕴含的受攻击性。我们有信心保护制动系统,防止黑客的攻击吗?

无人驾驶汽车的好处之一,在于它们可以被租赁和共享,而不是被独占。这能减少城市所需的停车位数量,消弭公共交通和私人交通之间的界限。但目前尚不清楚这能走多远——希望自己拥有一辆汽车的愿望是否会就此消失呢?如果无人驾驶汽车流行起来,它们将带来公路旅行的热潮,代价是牺牲传统的铁路旅行。欧洲有许多人更喜欢在 200 英里的旅途中乘坐火车,它比自己驾车的压力小,还留出了工作或者阅读的时间。但如果我们有了一个能在整个旅程中信任的"电子司机",我们中的许多人会更愿意乘坐汽车旅行,享受门到门的服务。这将减少长途火车线路的需求,但同时,也为新型交通工具的发明提供了动力,比如城际超级高铁(hyperloop)。当然,最重要的是高等级通信,它满足了绝大部分非休闲旅行的需求。

数字革命为一群精英创新者和跨国公司创造了巨额财富，但要想保持一个健康的社会，需要重新分配这些财富。有些讨论认为应该用它来提供普遍收入。实施这一方案的障碍众所周知，而且其带来的社会性弊端也将是可怕的。更好的方案是，补贴那些需求巨大但又缺乏公平薪酬与社会地位的工作岗位。

观察（有时带着困惑）那些财务自由人士所做的支出选择是有益的。富人重视个性化服务。他们雇用私人教练、保姆和管家。当他们衰老时雇用专人看护。而一个进步政府的标准，应该是看它能否为每个人——那些现在拥有自由选择权的人——提供最好的支持。要创造一个人道社会，政府需要大大提高从事看护工作的人员数量及其地位。目前这些人的数量太少。即使是在发达国家，看护者的薪酬水平也很低，而且他们的职位也并无保障。（机器人的确可以接管日常护理的某些方面，事实上，我们也许会因为自动设备提供的基本清洗、喂食和排泄服务而减少一些尴尬。但那些负担得起的人，也同样希望得到活生生的人的关注。）还有其他工作会使我们的生活更加美好，并能为更多人提供有价值的就业机会，比如公园的园丁、管理者，以及诸如此类的角色。

并非只有非常年幼和非常衰老的人才需要人类的支持。当如此多的业务（包括与政府的互动）都通过互联网进行时，我们应该感到担忧。譬如一个独自生活的残障人士，需要访问在线网站才能申请自己的合法政府福利，或者订购基本的生活必需品。设想一下，当他们生活中某些地方出现问题而又必须通过网络解决时，他们会有多么沮丧和焦虑。只有当精通计算机的护理人员能够帮助困惑者解决 IT 问题时，这样的人群才会感到安心。否则，"数字化剥夺"将造就一个新的"底层阶级"。

如果我们都能从事社会性的有益工作，那将好过接受帮助。无论如何，普遍的工作时间可以缩短，甚至比法国目前的每周 35 小时更短。那些觉得自己从事的工作本质上令人满意的人是非典型的，而且尤其幸运。绝大多数人将会工作更短的时间，这将释放更多的需求、社交和参加集体仪式——无论是宗教、文化，还是体育——的时间。

艺术和手工艺将重获繁荣。我们已经看到了"著名厨师"的出现，甚至还有著名理发师。我们将看到更多的手工艺，以及更加尊重他们的天赋才华。再次强调，富人——那些拥有最大选择自由的人，会在劳动密集型活动上大量支出时间和精力。

日常工作和终生职业的普及，将会大大刺激"生涯学习"。基于教室和课堂教学的正规教育，可能是全社会中最为僵化的部分。通过在线课程进行远程学习也许永远无法取代付费的个人辅导和寄宿制学校的体验，但它将会是更高效的支出，也能更为灵活地替代典型的"大众型大学"（mass university）。英国的开放大学引领的模式具有无限的潜力，这一模式如今正通过 Coursera

和 edX 等美国的组织机构广泛传播，顶尖学者在这里为在线课程提供内容。最好的教师可以成为全球的在线明星。这些课程将会随着人工智能能力的增长，变得更加个性化。那些成长为科学家的人，常常将他们的最初动机归因于网络或媒体，而不是课堂教学。

更加自动化的世界所提供的生活方式似乎是亲切的——确实很诱人，并且至少原则上能够提供遍布北美和欧洲的斯堪的纳维亚人级别的满意度。然而，这些特权国家的公民越来越不能远离世界上的贫困地区独善其身。除非国家之间的不平等减少，否则苦难与动荡将变得更加尖锐。因为现在全世界的穷人们都能通过信息技术和媒体，更多地了解他们所缺少的东西。技术进步可能会加剧国际动荡。此外，如果机器人技术能够支持发达国家在其境内进行经济上可行的制造生产，那么，远东的"小老虎们"通过降低西方的劳动力成本而获得的短暂但至关重要的发展机会，将不会再次降临非洲和中东的贫困国家，这将令不平等的持续时间更长。

另外，移民的性质也发生了变化。100 年前，一个欧洲或亚洲人决定迁往北美或者澳大利亚，意味着他将断绝自己与本土文化和大家庭的联系，所以他们有动力融入新社会。相比之下，现在的每日视频电话和社交媒体联系能让移民继续沉浸在自己的家乡文化中（如果他们愿意的话），并且可以通过洲际旅行来维持个体联系。

尽管有着更大的流动性、更少的对"土地"的乡愁，但对国家和宗教的忠诚和分歧依然将持续存在，并且甚至会通过互联网回音室（internet echo chambers）而加强。技术官僚世界的流浪者数量将会增加。贫困者将会把"追随金钱"视为他们最好的希望——通过合法或非法的移民。国际紧张局势将愈发严峻。

如果意识形态或者不公正引发冲突的风险不断增加，那么新技术对战争和恐怖主义的影响更会加剧这种风险。至少在过去的十年中，我们已经看到了无人机或导弹袭击中东地区某些目标的电视报道。它们由美国本土身居掩体的人员操控，与执行轰炸行动的机组成员相比，这些人与他们所造成的后果之间相隔更远。通过宣称更高精度的目标将会减少附带伤亡，它所引起的道德不适有所减轻。但这里至少有一名"灵通人士"①决定何时攻击，以及攻击什么。相比之下，自动化武器如今正变得可能，它可以使用面部识别找到特定个体，然后杀死目标。这将成为自动化战争的前奏，这一发展会引发极大关注。近未来的可能性包括自动机枪、无人攻击机、装甲战舰或潜艇。它们都可以识别目标，决定是否开火，还会不断学习。

公众对于"杀手机器人"的担心日渐增长。在2017年8月，100家领军企业的负责人签署了一封公开信，呼吁联合国取缔"致命性自动化武器"，就像通过国际公约限制使用化学武器和生物武器一样②。签署者警告

---

① *In the Loop*，2009年的政治讽刺片
② 这封信由麻省理工学院生命未来研究所组织。

说，电子战场"在空间尺度上超越以往，在时间尺度上也将比人类理解得更快"。所有这类条约的有效性并不明确。就如生物武器，各国可能会基于所谓的"防御性"动机追求那些技术，而且流氓国家或者极端组织也会不择手段继续发展。这些是近期值得关注的问题，它们的关键技术已经得到了解决。不过现在让我们再看长远一些。

2.4 人类水准的智能？

上一节中充分讨论了近未来的情景，我们需要为它们制定计划并加以调整。但长期的前景呢？还非常模糊。专家们对机器智能的发展速度没有达成任何共识——事实上这取决于人工智能会面临哪些限制。似乎有理由认为，连接互联网的人工智能能够以超越任何人类的速度来分析更多的数据，以此"收割"股票市场。在某种意义上，这就是量化对冲基金正在做的事。但与人类的交互，或者诸如无人驾驶汽车在普通道路上面临的复杂且快速变化的环境，人工智能的处理能力还远远不够。计算机需要能够像人类一样的视觉和听觉传感器，还需要有配套的软件来处理和解释传感器捕捉到的信息。

但即使如此，依然不够。计算机从类似活动的"训练集"中学习，成功时会得到"奖赏"和强化。玩游戏的计算机会玩数以百万计的游戏；照片识别计算机通过研究数百万张照片来获得专业知识；而无人驾驶汽车要获取这些经验，则需要相互沟通、分享和更新它们的知识。但了解人类的行为，涉及观察真实家庭或工作场所中的实际人员。由于现实生活的缓慢，机器将会感到自己的感官被剥夺，因而会觉得困惑。引用一位资深人工智能理论家斯图尔特·拉塞尔（Stuart Russell）的话来说，"它可以尝试所有事情：搅鸡蛋，堆积木，咬电线，把手指插进电源插座。但没有任何东西能产生足够强大的反馈，以说服计算机保持在正确的轨道上，并引导它进行下一个必要的行动①。"

只有当这个障碍得到克服，人工智能才会被真正视为（至少在某些方面）我们可以与它（或他）交流的智慧生物，就像我们对其他人类那样。而人工智能更为迅速的"思考"和反应，将让它们比人类更具优势。

一些科学家担心计算机可能会形成"自己的思想"，并追求某种对人类怀有敌意的目标。一个强大的未来人工智能是会保持温顺，还是会"无法无天"？它会理解人类的目标与动机，并与之保持一致吗？它是否能学习到足够的道德和常识，从而"明白"道德和常识应该在何种情况下超越其他动机？如果它能影响物联网，那么它也许可以控制整个世界。它的目标也许会与人类的愿望背道而驰，甚至可能将人类视为障碍。人工智能必须有一个"目标"，但真正难以传授的是"常识"。人工智能不应该痴迷于追求目标，而应当在其即

① 斯图尔特·拉塞尔（Stuart Russell）引自 2018 年 1 月 6 日的英国《金融时报》。

将违背道德规范的时候适可而止。

计算机的运算技能将飞速提升，甚至包括创造力。智能手机已经让我们不必再记住日常生活中的事物，并且可以近乎实时地访问全世界的信息。很快，语言之间的相互翻译也会变得司空见惯。下一步可能是"插入"扩展记忆或将语言技能直接输入大脑——尽管可行性尚不明确。如果我们能用电子植入物增强我们的大脑，便可以将我们的思想和记忆下载到机器中。如果当前的技术趋势不受阻碍地发展下去，那么在目前在世的人中，有些人将会获得永生——至少在有限的意义上——他们下载的思想和记忆将会成为一个不受躯体约束的生命。寻求此类永生的人，用老式的唯心主义的说法，就是"去到了另一边"①。

然后，我们将面临关于个人身份的经典哲学问题。如果你的大脑被下载到机器中，那它还会是"你"吗？你会

———————————

①　go over to the other side，实际是圣经中的句子，意为"让我们去到（海的）那一边"。

因自己的躯体即将被销毁而感到轻松吗？如果有好几个从"你"克隆的人，那又会发生什么？此外，是否我们的感官输入，以及与外部世界的互动，对于我们的存在而言实际上如此重要，以至于那样的转变不仅令人厌恶，而且也是不可能实现的？这些是哲学家们的古老难题，但实践伦理学家也许很快就需要解决这些难题，因为它们很可能关系到如何选择 21 世纪将会制造出的真正人类。

所有这些有关 2050 年后的猜测，我们并不知道哪些可能会发生，而哪些依然将是科幻小说，就像我们不知道是否要认真对待弗里曼·戴森（Freeman Dyson）有关少年生物黑客的设想，这里有很大的意见分歧。某些专家，比如伯克利大学的斯图尔特·拉塞尔（Stuart Russell）、DeepMind 的德米斯·哈萨比斯（Demis Hassabis），他们认为，人工智能领域就像合成生物技术，迫切需要一些方针来指导"负责任的创新"。此外，AlphaGo 实现了其创造者认为需要花费数年时间才能达到的目标，这一事实令 DeepMind 的员工更加看好人工智能向前推进的速度。但是其他人，就像机器人专家罗德尼·布鲁克斯（Rodney Brooks）（Baxter 机器人和 Roomba 真空吸尘器的发明者）认为，这些担忧距离变成现实还太远，不值得为其忧虑，与其担忧人工智能，还不如担忧真正的愚蠢。谷歌等公司与学术界和政府密切合作，引领人工智能的研究。这些部门现在用同一个声音说话，强调需要促进"强大且有益"的人工智能，但如果人工智能从研发阶段转变到跨国公司的潜在利润来源时，局势也许会变得紧张。

假如人工智能系统具有人类意义上的自主意识，那么这一切还会重要吗？在计算机科学的先驱艾兹赫尔·戴克斯特拉（Edsger Dijkstra）看来，这是一个伪问题："机器能否思考，就像潜艇能否游泳的问题一样至关重要。"鲸鱼和潜艇都能在水中前进，但它们的方式在本质上是完全不同的。然而对许多人而言，智能机器是否拥有自我意识确实是一个至关重要的问题。在一个场景中（参见 3.5 节），未来的进化主要基于电子实体，而不是我们头骨里的"湿件"。如果我们的能力被那些既无法欣赏它们置身其中的这个宇宙的奇迹，也无法像人类一样"感知"外部世界的"僵尸"所超越，那似乎很令人沮丧。尽管如此，社会依然将被自主机器人改造，即使陪审团尚未决定，它们是否真正拥有我们所谓的理解力，或者只是所谓的"白痴学者"——有能力而没有理解力。

一个多才多艺的超级智能机器人，也许是人类需要创造的最后一项发明。一旦机器人超越了人类的智能，它们就可以自行设计和组装更加智能的新一代机器人。有一些理论科学的"主要内容"困扰着今天的物理学家，如时间旅行、空间翘曲，以及超复杂性，但也许能被新机器人利用并改变物理世界。雷·库茨韦尔（参见2.1节关于人体冷冻的内容）认为这有可能导致一个失控智能的爆炸："奇点"①。

---

① 见雷·库兹韦尔（Ray Kurzweil），《奇点近在咫尺：当人类超越生物》（*The Singularity Is Near: When Humans Transcend Biology*, New York: Viking, 2005）。

少有人怀疑机器人终有一天将会超越人类最为独特的能力。争议在于超越的速度，而不是方向。如果人工智能狂热者的看法被证明是正确的，那么可能需要几十年才能超越人类，或者也许需要几个世纪。但是，与人类出现所需的进化时间相比，这只是眨眼的一瞬间。这不是一个宿命论的预测。这是乐观的理由。取代人类的文明，将会完成无法想象的进步，也许甚至是我们无法理解的壮举。我将在第 3 章中审视超越地球的地平线。

2.5　真正存在的风险?

我们的世界愈发依赖精心设计的网络，包括电力网络、空中交通控制、国际金融、全球化的制造业，诸如此类。除非这些网络具备高度弹性，否则它们的益处可能会被灾难性的（尽管是罕见的）故障所抵消——真实世界中发生的例子有 2008 年的全球金融危机。而没有电力供应，灯光将会熄灭，城市将会瘫痪，但这远不是最严重的后果。在几天内，我们的城市将出现无政府状态，变得无法居住。只要几天时间，航空旅行便能在世界范围传播流行病，对缺乏组织的大城市造成严重破坏。而社交媒体能够以光速传播恐慌、谣言，以及经济危机。

如果我们意识到生物技术、机器人技术、仿生技术以及人工智能的力量，还有它们将在未来几十年中变得更为强大的潜力，我们就不能不对这些力量可能被滥用而感到焦虑。历史记录展示了"文明"崩溃甚至灭亡的情况。我们的世界是如此相互关联，以至于无论灾难袭击哪个地区，其后果都很可能会席卷整个世界。我们第一次需要正视灾难——社会的，或者生态的，那将是一个真正的全球性的挫折。挫折也许是暂时的。但在另一方面，它也可能极具破坏性（并且可能会引起严重的环境或基因退化），以至于幸存者们永远无法在当前水平上重建文明。

但这也引发了另一个问题：是否会有一类独立的极

端事件成为我们所有人的灾难，可能会令所有人类甚至所有生命陷入困境？第二次世界大战期间，工作于"曼哈顿计划"的物理学家提出了这种普罗米修斯式的担忧。我们是否有绝对的把握认定核爆炸不会点燃整个世界的大气层或者海洋？在1945年新墨西哥州第一颗原子弹的三位一体测试之前，爱德华·泰勒（Edward Teller）和他的两位同事在洛斯阿拉莫斯实验室（Los Alamos Laboratory）发表的一项计算中谈到了这个问题。他们相信安全系数很高。幸运的是，他们是对的。如今我们确信，单一的核武器尽管是毁灭性的，但并不至于引发一场摧毁整个地球或者大气层的连锁反应。

　　但如果是更为极端的实验呢？物理学家的目标是理解构成世界的粒子以及控制这些粒子的力。他们渴望探索最极端的能量、压力和温度。为了这个目的，他们建造了庞大而精巧的机器——粒子加速器。产生极高能量的最佳方法是将粒子加速到接近光速的巨大速度，让它们相互撞击。当两颗原子相互撞击时，组成它们的质子和中子将承受远远超出正常原子核所承受的密度与压力，从而释放它们的夸克组分。然后它们可能会分解成更小的微粒。这些条件，在微观上复制了宇宙大爆炸后第一个纳秒中发生的事情。

一些物理学家指出，这些实验有可能导致更为可怕的结果——摧毁地球，甚至摧毁整个宇宙，也许会产生一个黑洞，随后吸进周围的一切。根据爱因斯坦的相对论，即便是最小的黑洞，所需的能量也会远远超过这些撞击产生的能量。然而某些新理论将我们日常的三维空间拓展出更多的维度，其结果之一是强化了引力，降低了小物体收缩成为黑洞的难度。

第二个恐怖的可能性是夸克会将自身重新组合成所谓"奇异滴（strangelets）"的东西，这本身是无害的。然而根据某些假说，一个"奇异滴"能够通过"传染"，将任何东西转化成新形态的物质，从而把整个地球变成一个直径大约 100 米的高密度球体。

这种撞击实验的第三个风险同样极为奇异，并且可能最为可怕：一场席卷整个宇宙的灾难。什么都没有的空间——物理学家称之为"真空"，比虚无更虚无。在这里一切都有可能发生，可能潜藏着所有物质世界的粒子和控制粒子的力。它是决定宇宙命运的暗能量的储藏库。空间可能会存在不同的"相"，就像水具有三种相态：冰、水、汽。而且这样的真空可能是脆弱而不稳定的。用水来类比，就是"超冷却水"。如果足够纯净且静止，水能够冷却到它的正常冰点之下。但只要有一点点微小的干扰——比如一粒灰尘掉在里面就会将超冷却水触发转化成冰。与此类似，有些人推测，粒子撞击所产生的高密度能量可能会引发一种"相变"，从而破坏空间结构。这将是宇宙级别的灾难，而不仅限于地球。

　　不过最受青睐的理论是令人放心的，它们暗示在我们当前的能量层级内，这些实验类型的风险为零。然而物理学家可以设想出另一种理论（并写出它的方程），它能符合我们所知道的一切现象，所以也不能绝对将之排除，而它可能会允许上述灾难中的一种或几种发生。

这些替代理论可能并不是领跑者，但就因为它们难以置信，所以我们便可以不必担心了吗？

当强大的新加速器在布鲁克海文国家实验室和日内瓦的欧洲核子研究中心（CERN）启动、制造出前所未有的高密度能量时，物理学家（在我看来非常正确地）承受了极大的压力去应对这些思辨性的"生存危机"。幸运的是，乐观是有证据的。事实上，我是指出这一点的人员之一。"宇宙射线"——它的能量高于加速器中的粒子——在银河系中频繁撞击，但并没有撕裂空间[①]。它们不断穿透密度极大的星体，但这并没有把它们变成"奇异滴"。

那么我们该如何规避风险呢？有些人会争辩说，1∶1 000万的生存风险已经足够低了，因为这远远小于一颗足以造成全球性灾难的小行星在明年内撞击地球的可能性（这就像是争辩说，人工辐射带来的额外致癌风险是可以接受的，只要它不会让岩石中氡的自然辐射风

---

① P.胡特（P. Hut）与 M.里斯（M. Rees），《真空有多稳定？》（How Stable Is Our Vacuum），*Nature* 302（1983）：508–509。

险增加一倍）。但对某些人来说，这一限制也许并不足够严格。如果有一种威胁将会影响整个地球，那么公众对安全保证的要求也许是合理的。如果一个实验的目的只是为了缓解理论物理学家的好奇心，那么在批准这一实验之前概率也许应当低于十亿分之一，甚至万亿分之一。

我们能够可信地给出这样的保证吗？我们也许能够给出明天太阳是否升起的概率，或者连续 160 次掷出同一个骰子的概率，因为我们相信能理解这些事情。但如果我们的理解并不稳固——因为它显然处于物理学的前沿领域，那么我们并不能真正控制概率，也不能自信地断言某些事情绝对不可能发生。关于把原子放在前所未有的能量中粉碎时将会发生什么，如果我们不去理睬任何一个有关这一问题的理论，那么将是极不明智的。如果一个国会议员问："你真的认为你出错的概率不足十亿分之一吗？"我不会心安理得地回答"yes"。

但在另一方面，如果议员问："这样的实验能否揭示某种革命性发现，比如为世界提供全新的能源？"我同样也只能给出概率。问题在于这两种都不太可能发生的事件所具有的相对可能性：其一是有益的，而另一个却是灾难性的。我猜想，"优势"（对人类的益处）尽管极不可能，但总要远高于"宇宙末日"的场景。这样的想法可以消除任何关于继续前进的顾虑，但它并不可能给出量化的相对概率。所以，对于这样的浮士德式的交易，我们也许很难给出令人信服的保证。创新往往是危险的，但如果我们不承担风险，就可能错过利益。应用"预防原则"有它的机会成本——"说'不'的隐形成本"。

尽管如此，物理学家仍然需要谨慎地开展甚至整个宇宙中都没有先例的实验。同样地，生物学家应当避免创造出具有潜在破坏性的转基因病毒，或者大幅度修改人类种系。网络专家认识到全球基础设施连锁崩溃的风险。正在进一步推动高级人工智能有益应用的创新者们，应当避免完全由机器"接管"的局面。我们中的许多人倾向于将这些风险视为科幻小说，但考虑到风险的程度，即使它们的可能性极小，也不应该忽视。这些生存风险也体现了对于跨专业知识以及专家与公众之间适当互动的需求。此外，要想确保以最佳方式利用新技术，需要共同体在全球化和长期化背景下开展思考。这些道德与政治问题将在第 5 章做进一步的讨论。

　　顺便说一句，我们应当优先考虑避免真正的生存灾难，这基于哲学家德里克·帕菲特（Derek Parfit）讨论过的一个伦理问题：尚未出生的人的权利。考虑两个场景：场景 A，90％的人类灭亡；场景 B，100％灭亡。B 比 A 糟糕多少？有人会说糟糕 10％，因为灭亡人数多了 10 个百分点。但帕夫特认为 B 的糟糕也许是无法衡量的，因为人类的灭绝导致数十亿乃至数万亿年的未来人类也不复存在，而实际上，一个开放式的后人类未来将会远远超出地球规模①。有些哲学家批评帕夫特的论点，他们认为不

① 　德里克·帕菲特（Derek Parfit）的观点发表在他的《理由与人物》第四部分（*Reasons and Persons*，New York：Oxford University Press，1984）。

应该赋予"可能存在的人"和实际的人同样的权重（"我们希望给更多的人制造快乐，而不是制造更多快乐的人"）。而且即使有人认真对待这些天真的功利主义观点，也应当注意到，如果存在外星人（参见 3.5 节），那么人类的扩张也许会剥夺他们的栖息地，从而对整体的"宇宙满意度"造成净值为负的贡献！

然而，除了这些"可能的人"的智力游戏之外，人类故事的终结将使当前活着的我们感到悲伤。我们继承了祖祖辈辈的传统和遗产，如果认为自己不会再有后代，那么我们中的绝大多数人都会感到沮丧。

（这是第 1.5 节讨论过的气候政策中面临的一个重大问题。争议之处在于，我们应该给那些生活于一个世纪之后的人赋予多大的权重。这也体现了我们对于全球人口增长的态度。）

即使我们打赌不会因粒子加速器实验或者基因灾难而导致人类灭绝，我还是认为值得将这样的场景作为"思想实验"加以考虑。我们没有理由认为，可以忽略那些远远低于目前风险等级的人为威胁。实际上，我们并没有任何理由确信自己能在未来技术带来的最坏情况中存续下来。有一句重要的格言："不熟悉不等于不可能"①。

这些伦理问题距离"日常"还很远，但讨论它们并不是杞人忧天。有哲学家这样做是值得庆幸的。但它们也对科学家提出了挑战。事实上，它们提出了一个额外的理由来回答有关物质世界的问题，这些问题看起来既神秘又遥远：空间本身的稳定性、生命的出现，以及我们可以称之为"物理现实"的性质和范围。

这些想法引导我们从地球视角提升到更高的宇宙视角。这将是下一章的主题。尽管人类的太空旅行"富有魅力"，但太空的环境十分恶劣，并不适合人类。所

---

① 在尼克·博斯特罗姆（Nick Bostrom）和米兰·切尔科维奇（Milan Cirkovic）主编的《全球灾难风险》（*Global Catastrophic Risks*，Oxford：Oxford University Press，2011），以及菲尔·托雷斯（Phil Torres）的《道德，展望和人类繁荣：存在风险导论》（*Morality, Foresight, and Human Flourishing: An Introduction to Existential Risks*，Durham，NC：Pitchstone，2018）中，对这些极端风险做了出色的讨论。

以，人类级别的人工智能所支持的机器人将会在那里拥有最为广阔的空间，而人类则可能通过生物和网络技术进一步进化。

3 宇宙视角下的人类

3.1　宇宙背景中的地球

　　1968 年，阿波罗 8 号的宇航员比尔·安德斯拍下了照片《地球升起》，显示了遥远的地球闪耀在月球的地平线之上。他并未意识到这会成为全球环境运动的标志图像。这幅照片展现了地球柔美的生物圈，而与之对照的是贫瘠的月球地表，也就是一年之后尼尔·阿姆斯特朗迈出了"一小步"的地方。另一张著名的照片于 1990 年由旅行者 1 号在遥远的 60 亿千米之外拍摄，地球呈现为一个"暗淡蓝点"，由此激发了卡尔·萨根的思考：①

　　再看一眼那个点，那是这里，那是家园。那是我们，你所爱的每个人、你知道的每个人、你听说过的每个人、曾经存在过的每个人，都在其上度过他们的一生……人类历史上的每个圣人和罪人都生活在那里——一粒悬浮在阳光中的尘埃上。

――――――――――――

　　① 引自卡尔·萨根（Carl Sagan）《暗淡蓝点：探寻人类的太空家园》（*Pale Blue Dot: A Vision of a Human Future in Space*，New York: Random House，1994）。

我们的星球是处于宇宙广大的黑暗包裹之中的一颗孤独的小点。没有任何迹象表明会有从别处来的助力拯救我们摆脱自己的处境，地球是至今所知唯一能庇护生命的世界。不论喜欢与否，目前地球是我们生存的地方。

到今天，这种情绪仍能引起共鸣。也确实存在一些关于如何实现远离太阳系的宇宙探索（假如无法实现载人，就让机器去探索）的讨论——即使是在远未来实现。（旅行者 1 号在经过超 40 年的航行之后，现在仍处于太阳系的"郊区"。它要花数万年才能抵达最近的恒星。）

自达尔文之后，我们已经了解了地球的漫长历史。达尔文以这些熟悉的话总结《物种起源》："当这颗行星依循着既定的引力法则持续转动的时候，最美丽和最神奇的（生物）类型就从如此简单的开端进行演化了，并且一直在演化。"我们现在将推测同样时间跨度的未来，而这些就是本章的主题。

达尔文所说"简单的开端"，也即年轻的地球——已经具有了复杂的化学成分和结构。天文学家则期望能探索比达尔文和地质学家做到的更久远的过去—— 一直到行星、恒星，以及构成它们的原子的起源。

　　整个太阳系是在大约 45 亿年前从一个旋转的尘埃气体盘压缩而成的。但是原子从何而来——为什么氧和铁的原子常见，而金原子则不？达尔文是不会对这个问题有充分理解的。在他的年代，原子的存在仍然是有争议的问题。但是我们现在知道，人类不只和地球上的整个生命网共有一个起源和许多基因，也和宇宙联系在一起。太阳和恒星都是核聚变反应堆。它们通过把氢聚变成氦而获得能量，然后氦变成碳、氧、磷和铁，以及元素周期表上的其他元素。当恒星生命终结的时候，它们就把"处理过"的物质散播回星际空间（比较重的恒星是通过超新星爆发的形式），一些物质会重新进入新的恒星。太阳就是这样的一颗恒星。

　　我们每次呼吸所吸入的上万亿个 CO_2 分子中的任何

一个里面所包含的碳原子，都有一个可追溯超过 50 亿年的壮阔历史。这个原子可能是一块煤燃烧时被放入大气之中的，而这块煤是 200 万年前原始森林中一棵树的残余，更早时，这个原子自从地球形成就一直在地壳、生物圈和海洋之间循环。再向前追溯，则会发现该原子是在一颗古老恒星中锻造而成，随恒星爆炸被喷射进星际空间，一直游荡至形成原始太阳系时进入了年轻的地球。我们的的确确是早已死亡的恒星的灰烬，或者（不那么浪漫地）说是恒星发光产生的核废料。

　　天文学是一门古老的科学，也许是除医学之外最古老的一门（我得说前者产生的益处大于害处，因其有助于历法、计时和航海）。而最近几十年的宇宙探索颇有成就。月球上有了人类的足迹，前往其他行星的自动探测器传回了迷人而多彩的新世界照片，而且有探测器在某些行星上着陆。现代望远镜扩展了我们的宇宙视野。这些望远镜揭示了一座由非凡的物体组成的"动物园"——黑洞、中子星和巨大的爆发。太阳所处的星系也就是银河系，它包含有上千亿颗恒星，所有的恒星都围绕着银河中心转动，那里藏着一个超大质量的黑洞。而这只是通过望远镜可以看见的上千亿个星系中的一个。我们甚至探测到了"大爆炸"的"回声"，就是"大爆炸"在138亿年前引爆了这个扩张的宇宙，宇宙如此诞生，与此同时所有的自然基本粒子也诞生了。

像我这种足不出户的理论家对这一进程贡献不多，这主要是得益于望远镜、航天器，以及计算机的发展。多亏了这些进步，我们开始理解一整个事件的链条：原子、恒星、星系和行星如何产生于一种万物都被压缩到高温高密度状态的神秘开端，而在行星地球上，原子如何组成了生命，并开始了达尔文理论所说的演化，最终像我们这样能够思考这一切秘密的生物诞生了。

科学实际上是一种全球性的文化，它超越了所有的国界与信念。天文学更是如此。夜空是我们所处环境中最常见之物。贯穿人类历史，全世界的人们都会凝视星星，并以不同的方式来解读它们。就在最近十年，相对于我们祖先的理解，夜空变得更为有趣了。我们知道了大多数恒星并不只是闪烁的光点，而是被行星绕转，就和太阳的情形一样。惊人的是，银河系存有数百万个类似地球的行星，也就是看起来宜居的行星。但它们是否真的已经被占据了——那里有生命吗，甚至是智慧生命？很难想象会有什么问题比理解我们在整个宇宙格局中的位置更加重要。

各种媒体报道中的这些主题让数百万人着迷。对于天文学家（还有类似于生态学等领域的人）来说，自己的领域吸引了如此大量的关注，实在是令人愉悦。如果我只能和少数的同行专家来讨论我的研究工作，那么满足感也会下降很多。另外，相对于公众有争议的那些话题，如核科学、机器人学，或者遗传学，天文学的表现更加正面，而且没有威胁。

如果我在飞机上，而且不想和邻座的人聊天，一个可靠的谈话终结术是说"我是个数学家"。与之相反，说"我是个天文学家"常常会激起人的兴趣。之后第一个问题通常是"你相信外星人吗？我们是孤独的吗？"
这个话题也让我着迷，所以我总是很乐于讨论它。而且
这个话题还有另一个功能，就是谈话开启术。因为没人
知道问题的答案，所以在"专家"和一般提问者之间也
没什么界线。这种着迷没什么新鲜的，然而现在，我们
第一次有望得到一个答案了。

　　"多个有人世界"的猜想由来已久。从 17 世纪到 19
世纪，人们广泛怀疑太阳系的其他行星上是有人居住
的。这一推理更多出自神学而非科学。19 世纪的杰出思
考者们提出生命一定是遍及宇宙的，否则的话如此广阔
的空间看起来就是对造物主所做努力的极大浪费。对这
些想法的一个有趣的批判出自一部重要的著作《人类在
宇宙中的位置》，作者是阿尔弗雷德·拉塞尔·华莱
士，自然选择理论的共同提出者。①华莱士对物理学家
大卫·布儒斯特（物理学家以光学中的"布儒斯特角"

---

① Alfred Russel Wallace, *Man's Place in the Universe* （London:
Chapman and Hall, 1902）——这本书可以通过古登堡计划免费下载。

纪念他）尤其严厉，后者推测认为即使月球也一定是有人居住的。布儒斯特在他的书《不止一个世界》中提出，如果月球"被设定成仅仅是我们地球的一个光源，那么月球就不会有高大的山脉和死火山来让它的表面多种多样，也不会覆盖着由反光量不同的物质形成的大补丁，从而让表面呈现大陆和海洋的样子。如果月球是一块平整的石灰或者白垩，才更适合当光源。"

　　到19世纪末，很多天文学家确信生命存在于太阳系其他行星之上，所以有一个十万法郎的奖项专门设立给第一个接触外星生命的人。但这个奖项特别排除了与火星人的接触，因为那被认为是太过容易了！有一个关于火星上存在运河的错误声明，之前被认为是红色行星上存在智慧生命的铁证。

　　太空时代带来了重要的消息。金星，一个阴云密布的星球，过去被认为是一个繁茂的热带沼泽世界，结果是一个破碎的、有腐蚀性的地狱。水星是一块坑坑洼洼的被暴晒的石头。甚至最像地球的火星，现在也被揭露出来是一片有着稀薄大气的寒冷沙漠。不管怎样，NASA 的好奇号探测器可能发现了水。而且它检测到从地表下面冒出来的甲烷，也许是来自很久以前存活过的腐败生物——尽管那里现在看起来没有让人感兴趣的生命。

在离太阳更远也更冷的天体之中，聪明的赌注应该是押在木星的卫星欧罗巴（木卫二）和土星的卫星恩克拉多斯（土卫二）上，这两个卫星覆盖着冰层，可能存在着生物，在其下的海洋中游泳。已经有太空探测器计划将要去探索它们了。在土星的另一个卫星泰坦（土卫六）上的甲烷湖里，也可能存在奇特的生命。但是没有人能对此表示肯定。

在太阳系之中，地球属于宜居带行星——既不太热也不太冷。如果太热，就算是最顽强的生命也会被烤熟；如果太冷，生命的诞生和发展过程就会变得慢很多。在太阳系的其他地方即使发现了已经退化的生命形式，都会是划时代的重大事件。因为那会告诉我们，生命并不是偶然出现的稀有之物，而是遍布宇宙之中。鉴于现在我们只知道地球是唯一一个产生了生命的地方，可能在逻辑上（确实有些人认为是合理的）生命的诞生需要这样的特殊条件，所以在我们的整个银河系里就只发生了一次。但如果生命起源能在一个单独的行星系里出现两次，那么它一定会普遍发生。

（还有一个附加条件：在我们得出生命普遍存在的结论之前，必须确定两种生命形式是分别独立出现的，而不是从一个地方转移到了另一个地方。因此，欧罗巴冰层下面的生命就比火星上的生命更能说明此事。因为可以假想我们全都有火星血统——从一块因为小行星撞击而离开火星并飞向地球的石头上携带的原始生命演化而来。）

3.2 我们的太阳系之外

要找到可以存在生命的、有潜力的"不动产"，我们必须把视野扩展到太阳系之外，到我们现在可以设计出的探测器能够触及的范围之外。大多数恒星都有行星环绕，这一发现让整个地外生物学领域面目一新并充满了活力。意大利修道士乔尔丹诺·布鲁诺在 16 世纪就做出了这项推测。1940 年代开始，天文学家们也猜想他是对的。从那时起一个比较早期的理论受到了质疑，这个理论认为太阳系是由一颗近距离经过的恒星的引力从太阳上拉扯出的丝絮形成的（这也暗示着行星系统是很稀有的）。这一理论被新的想法取代了：如果一团星际云本来在旋转，那么当它在引力作用下收缩成恒星时，就会甩出一个盘面，其中的气体和尘埃会凝聚成行星。到 1990 年代，系外行星的证据开始出现，新理论才终于确立。大多数系外行星并不是被直接探测到的，而是通过仔细观测它们所围绕的恒星推测出来的。主要的技术有两种。

第一种技术是这样的，如果一颗恒星被行星绕转，那么其实行星和恒星是绕着它们共同的质量中心运动的，这称为质心。恒星的质量要大得多，所以运动比较慢。但是由于环绕的行星所导致的周期性运动会通过精确的星光分析而被探测出来，因为这星光会呈现一种持续变化的多普勒效应。此类技术的第一次成功探测出现于 1995 年，米歇尔·梅耶和迪迪埃·奎洛兹在日内瓦天文台发现了一个"木星质量"的行星围绕着近邻恒星飞马座 51。[①]在后来的若干年里，通过这种方法又发现了超过 400 颗系外行星。这种"恒星摆动"技术主要适用于探测"巨大"的行星——像土星或者木星那样大。

潜在的地球"双胞胎"特别引人关注：和我们同样大的行星，围绕着其他类似太阳的恒星，轨道上的温度不会让水沸腾也不会保持冰冻。但是探测这些质量比木星少几百倍的行星是一个真正的挑战。它们只能引起母星每秒钟仅仅几厘米的摆动，迄今为止这种运动都太小了，无法利用多普勒方法探测到（尽管仪器进步很快）。

---

① 米歇尔·梅耶（Michel Mayor），迪迪埃·奎洛兹（Didier Queloz），《太阳型恒星的木星质量伴侣》（A Jupiter-Mass Companion to a Solar-Type Star, *Nature* 378（1995）: 355–359）。

然而还有第二种技术，我们可以寻找行星的阴影。当行星从恒星前面经过时，恒星会显得略微变暗；而这种变暗会以周期性的间隔重复。这样的数据会揭示两件事：两次连续变暗之间的间隔告诉我们这个行星上一年的长度，而变暗的幅度告诉我们行星经过（注：下文将把这种现象译为凌星）时挡住的星光比例，如此也就知道了行星有多大。

　　对于行星凌星最重要的搜索工作（到目前为止）是由美国宇航局的一个航天器开展的，这个航天器以天文学家约翰尼斯·开普勒①的名字命名，已经花费了三年多时间测量了 150 000 颗恒星的亮度，精度可达十万分之一，可在一个小时之内测量一颗恒星一次或几次。开普勒望远镜发现了数千颗凌星行星，有一些比地球要大。开普勒项目背后的主要推动者是比尔·布鲁斯基，是一位从 1964 年开始一直为美国宇航局工作的美国工

---

① 关于开普勒太空探测器成果的最佳信息可在 NASA 网站找到：https：//www.nasa.gov/mission_pages/kepler/main/index.html。

程师。他在 1980 年代构思了这个设想，然后顽强地去推进，无视资金受挫和一些著名的天文学家群体最初的怀疑。最终他在 70 多岁时取得了成功，这一胜利特别值得欢呼，它提醒我们，即使是"最纯粹的"科学也亏欠着设备制造者多少东西。

已经发现的系外行星多种多样。其中一些具有奇特的轨道。有一颗行星的天空中有四个"太阳"，这颗行星围绕一对双星运转，同时又有另一对双星绕着这对双星转。这项发现跟业余爱好者的"行星猎人"计划有关，任何热心人士都有机会得到一些开普勒望远镜观测恒星的数据，之后通过肉眼可以分辨出星光下降（这个具体案例中，星光下降规律性没有一颗行星围绕单一恒星的情况那么强）。

有一颗行星绕着离我们最近的恒星运转，这颗恒星就是距离地球只有 4 光年的半人马座比邻星。比邻星是一个所谓的 M 型矮星，亮度大约是我们的太阳的一百分之一。2017 年由比利时天文学家米歇尔·吉永（Michaël

Gillon）带领的团队发现了以另一个 M 型矮星为中心的迷你太阳系，①这个系统里有七颗行星围绕着它，其各自的"一年"周期从 1.5～18.8 个地球日不等。其中靠外的三颗行星处在宜居带上。这几颗行星会是拥有壮观景色的居所。在其中一颗行星的地表上，会看到其他星球快速划过天空，大小就好像我们所看到的月亮。但这些行星非常不像地球。它们很可能被潮汐锁定了，所以会是固定的一面朝向它们的恒星——一个半球永远明亮，而另一半一直黑暗。（在不大可能的情形下，假如这样的星球上有智慧生命，就可能会流行一种"种族隔离"——天文学家隔离在一个半球，其他人在另一半球！）但是这些星球的大气层很可能已经被 M 型矮星上常发生的强烈磁耀斑给剥离了，所以这种恒星周围并不适合生命。

已知的系外行星几乎都是通过探测它们对所绕转恒

---

① Michaël Gillon et al.. Seven Temperate Terrestrial Planets Around the Nearby Ultracool Dwarf Star TRAPPIST-1. *Nature* 542（2017）: 456-460.

星的运动或亮度的影响而以间接方式推测出来的。我们真的很想直接看到它们，但那很难。为了理解到底有多难，假设外星人是存在的，一名外星天文学家使用强力的望远镜从（假设）30 光年远处观看地球——这相当于是一颗比较近的恒星距离。从他的望远镜望出去，我们这颗行星看起来——用卡尔·萨根的话说——是一个"暗淡蓝点"，离一颗恒星（我们的太阳）非常近，恒星比行星亮数十亿倍，就好像一只萤火虫紧挨着一个探照灯。蓝点的明暗度会略有差异，取决于是太平洋还是欧亚大陆朝向外星人。外星天文学家能够推测出我们星球上一天的长度、四季变化、存在着大陆和海洋，以及气候。通过分析行星微弱的光线，外星天文学家还能分析出地球上有绿色的地表和含氧的大气。

如今，最大的地基望远镜都是国际合作建造的。在夏威夷的冒纳凯阿山上，和智利高高的安第斯山干燥洁净的天空下，望远镜像雨后春笋一样建造起来。南非拥有世界上最大的光学望远镜之一，而且和澳大利亚一起在世界最大的射电望远镜建造项目中担任领导角色，也就是平方公里阵列项目。现在欧洲天文学家正在智利的山上建造的一架望远镜将具有分辨出围绕其他类太阳恒星运转的"地球"尺寸、行星光线的灵敏度。这个望远镜被称为"欧洲极大望远镜（简写为 E-ELT）"—— 一个非常直白而非富有创造性的命名。牛顿的第一个反射望远镜中有一片直径 10 厘米的镜片①，而 E-ELT 的镜片直径是 39 米，它由小镜片拼接而成，总的集光面积大了十万多倍。

根据迄今为止研究过的邻近恒星周围的行星统计，可以推测整个银河系存在着大约十亿颗"类似地球"的行星（作者此处表达的含义不同于"类地行星"），它们的大小与地球差不多，而且与母星的距离要允许水存在，既不会沸腾干净也不会永远冰冻。我们可以预测有多样的行星存在：一些可能是"水世界"，完全被海洋

① 译者注：这里存疑，一般资料显示牛顿制作的第一个反射式望远镜主镜口径大约是 2.5 厘米。

覆盖；其他可能（类似金星那样）因为极端的"温室效应"而被加热消毒了。

这些行星中有多少可能孕育着远比我们能在火星上发现的更有趣更奇异的生命形式呢？我们不知道概率有多大。的确还不能排除那种可能性，也即生命的起源——从化学"混合物"中诞生出具有新陈代谢和繁殖能力的东西——包含了极稀有的侥幸因素，所以在整个银河里只发生了一次。而另一方面，也许只要得到"正确的"条件，这种重要的转化就可能几乎是必然的。我们只是不知道——不知道地球生命的 DNA/RNA 化学过程是不是生命唯一可能的化学基础，或者仅仅是诸多选择中的一个，而其他的化学过程已经在别的地方发生了。我们甚至不知道液态水是否真的对生命的形成具有决定意义。如果存在一个化学路径，能让生命得以在泰坦星上冰冷的甲烷湖泊里产生，那么对于"宜居行星"的定义将会大大拓宽。

这些关键问题可能很快就会被弄清楚。现在生命起源的问题吸引了越来越多的关注，这个问题已经不再被视为那种虽然确实重要，但看起来又难以及时或轻易解决的终极挑战性的难题（例如意识问题仍然划分在那一类之中），而是被降级到了"太难"的分类。去理解生命的开端很重要，不仅是为了评估外星生命的可能性，也因为地球上生命的出现仍是一个谜。

对于生命会在宇宙中何处产生以及会生成何种形式，我们应抱有开放的心态，多去思考与地球不同的地方的与地球不同的生命。即使在地球上，生命也存活在各种最荒凉的地方——在数千年不见阳光的黑暗洞穴中，在干旱沙漠的岩石里，在地下深处，在最深的海底热泉周围。同时，我们仍然有道理去从我们熟悉的部分开始（"在路灯下搜索"的策略），并配置所有可用的技术去探索是否有类似地球的系外行星大气存在——它能为地外生物圈的存在佐证。线索将在未来十年到二十年出现，来自深空中的詹姆斯·韦伯太空望远镜，E-ELT以及将在2020年代开始运行的其他类似的地基巨型望远镜。

对这些下一代望远镜来说，从明亮的中心恒星的光谱中分离出行星大气的光谱也是一件艰难的工作。但是展望 21 世纪中叶，我们可以想象到会有一批巨大的太空望远镜，每一个都配备着薄如蛛网却有千米尺度的镜片，由机器工人装配在深空之中。到 2068 年，阿波罗 8 号的《地球升起》照片拍摄一百年的时候，这样的一台设备将会给我们拍摄出更加鼓舞人心的画面：另一个"地球"围绕着一颗遥远的恒星运转。

3.3 太空飞行——载人与无人

我童年时代（20 世纪 50 年代，在英格兰）最喜欢的读物之一是漫画杂志《老鹰》，尤其喜欢其中的《未来飞行员丹·戴尔》，这是一部描绘太空轨道上的城市、喷气背包和外星入侵者的杰出作品。当太空飞行成为现实，人们开始熟知美国宇航局的宇航员（astronaut），以及他们的苏联同行"航天员"（cosmonaut）所穿的宇航服，也熟悉了发射、对接等常规活动。我这一代人热切关注着英雄先锋们的壮举：尤里·加加林的第一次轨道飞行，阿列克谢·列昂诺夫的第一次太空行走，之后当然还有登月。我回忆起第一个飞上地球轨道的美国人约翰·格伦有一次到访我的家乡。别人问他坐在火箭头锥里等待发射的时候在想什么，他回答说："我在想火箭里有 20 000 个部件，而每一个都是由最低出价人制造的。"（格伦后来成为美国参议员，再后来他 77 岁的时候成为 STS-95 航天飞机任务成员，也成了年纪最大的宇航员。）

从第一个人造天体——苏联的斯普特尼克 1 号飞上地球轨道，到 1969 年留存史册的"一小步"踏上月球表面，之间只过去了 12 年。我每次看向月亮都会想起尼尔·阿姆斯特朗和巴兹·奥尔德林。当回顾往事，我们意识到当时他们依赖的是原始的计算和未经测试的设备，他们的壮举也因此显得更加英勇。实际上，尼克松总统的发言稿撰写人威廉·萨菲尔曾起草了一份悼词，以防宇航员们坠毁或者搁浅在月球上：

> 命运已经注定去往月球和平探索的人们将在月亮上安息。［他们］知道他们无望生还。但是他们也知道在他们的牺牲之中孕育着人类的希望。

在之后的半个世纪里，阿波罗计划一直是人类太空冒险的顶峰。这是一场美国与俄罗斯的"太空竞赛"——一种超级大国对抗之争。假如当时的势头能够继续，可以肯定现在火星上已经有人类的足迹了——这也是我们这一代人所期望的事情。然而，一旦竞赛赢了，也就没有了维持所需开销的动机。在 20 世纪 60 年代，美国宇航局得到的美国联邦预算超过 4％。而当前的数据是 0.6％。今天的年轻人知道美国人把人类送上了月球。他们也知道埃及人建造了金字塔。但是这些事件看起来就像是古代历史，都是被差不多相同的奇怪的国家目标所推动的。

在那之后的几十年里又有数百人进入了太空，但令人失落的是，他们并没有做比在低轨道绕地球飞行更多的事。国际空间站（缩写为 ISS）可能是人类制造过的最昂贵的制品。其成本再加上主要目的是为其服务的航天飞机（已经退役了），足足达到了 12 位数（还是美金）。ISS 的科学与技术回报不可忽视，但是并没有无人任务划算。而且这些飞行项目也没有早期的俄国和美国太空活动那么鼓舞人心。ISS 的新闻要么是关于什么事出错的，比如说厕所坏了；要么是宇航员表演"节目"，例如加拿大人克里斯·哈德菲尔德的吉他弹唱。

载人太空探索的中断，恰好是一个例证——当没有经济或政治需求的时候，实际所做的事情会远少于可以实现的程度。（超声速飞行是另一个例子——协和客机走上了恐龙的道路。与之相反，IT 衍生品获得了发展，而且扩展到了全球，速度远超预报员和管理大师的预测。）

尽管如此，在最近的 40 年里太空技术已经萌芽。我们习惯于依靠轨道卫星来通信、导航、监测环境、监视和预报天气。这些服务主要是使用无人但昂贵而复杂的航天器。但是现在有一个针对那些相对便宜的小型卫星的市场正在成长，几个私人公司正准备去满足这类需求。

位于旧金山的行星实验室（PlanetLab）公司已经开发并且发射了鞋盒大小的航天器集群，它们共同的使命是提供虽然分辨率不是非常高（3～5 米）但覆盖全球的反复成像：其使命（仅有一点点夸张）是每天观察世界上的每一棵树。有 88 个这种航天器是在 2017 年作为同一个印度火箭的有效载荷发射的；俄罗斯和美国的火箭也被用来发射了更多航天器，同时也发射了一组略大并且更精心装备的 SkySat 卫星（每个重 100 千克）。如果要取得更好的分辨率，就需要配备更多精密光学仪器的大一些的卫星，但这些微小的"立方卫星"产生的数据仍然有其商业市场，可以用来监测作物、建筑工地、捕鱼船，诸如此类；它们对于制订灾害应对计划也很有用。现在甚至是更小的极薄卫星也已经上了部署——采用的是在消费者微电子领域的巨大投资带来的技术。

太空望远镜给天文学带来了巨大推动。处在高高的轨道上，远离地球大气的模糊和吸收作用，它们传回了来自遥远宇宙的清晰图像。它们在红外线、紫外线、X射线和伽马射线波段调查了天空，这些波段不能穿过大气因此是不能在地面观测到的。它们揭示了黑洞和其他奇异之物的证据，高精度探测了"创造的余晖"——遍布空间的微波，其中包含着创世之初的线索，那时整个可观测宇宙还压缩在微缩尺度之中。

公众更直接关注的是被送到太阳系各个行星去的航天器的发现。美国宇航局的新视野号从比月球远一万倍的地方传送回了冥王星的神奇画面。欧洲航天局的罗塞塔号在一颗彗星上放了一个机器人。这些航天器用了5年时间设计制造，然后用了差不多10年抵达它们的目标。更可敬的卡西尼号探测器用了13年研究土星及其

卫星；发射了 20 年之后，它在 2017 年后半年最终跃入
土星。不难想象这些任务在今天的后续工作会有多
复杂。

在 21 世纪之内，整个太阳系——行星、卫星和小行
星，都会被微型太空探测器群勘探并绘制地图，而这些
探测器会彼此互动，就像一个鸟群。巨型的自动制造机
则会在太空中建造太阳能收集装置和其他物体。哈勃望
远镜的后继者会具有在零重力下装配的超大镜片，这将
大大拓展我们的视野，去观测系外行星、恒星、星系和
更广阔的宇宙；而下一步将是太空采矿和制造。

但是还会有人类的角色吗？不可否认，美国宇航局
的好奇号火星车（像小汽车一样大，从 2011 年开始缓慢
穿越一个巨大的火星撞击坑）可能会错失一些人类地质
学家不会忽略的惊人发现。但是机器学习进步很快，传
感器技术也是。比较起来，载人和无人任务的成本差距
仍然巨大。载人航天的实际可能性随着机器人和微型化
技术的进步越来越小了。

如果"阿波罗精神"复兴，在其遗产之上继续前进，可行的下一步是建立一个永久的有人月球基地。建设工作可以由机器人完成——从地球带来物资，并从月球开采一些。一个特别适合的位置是月球南极的沙克尔顿环形山，它直径21千米，边缘有4千米高。因为这个环形山的位置，其边缘永远处在阳光下，从而避免了几乎整个月面都会经历的月度极端温度变化。而且，环形山永远黑暗的内部可能存在大量的冰，这显然对维持"殖民地"有重要意义。

把月球基地主要建造在月球朝向地球的一半上是有意义的。但有一个例外：天文学家会想在月球的另一面放置巨型望远镜，因为那样能屏蔽地球上的人造放射，从而给射电天文学家探测极微弱的宇宙辐射提供极大便利。

从阿波罗计划以来，美国宇航局的载人太空计划开始在公众和政治压力下被迫规避风险。航天飞机在135次发射中失败了2次。宇航员和试飞员都会很乐意接受这种程度的风险——不到2%。但是航天飞机已经被不明智地当作给普通人用的安全车辆看待（美国宇航局太空教师计划中的一位女教师克丽斯塔·麦考利夫是挑战者号灾难的牺牲者之一）。每一次事故都会引起美国全国性的创伤，之后是事业中断，即使做出代价不菲的努力（成效都很有限）去进一步降低风险也是如此。

我希望现在活着的人中有一些将踏上火星去冒险，作为迈向群星的一步。但是美国宇航局要在可行的预算之内实现这个目标就会面对政治上的障碍。中国有资源，有调控经济的政府，可能也有意愿去承担一项阿波罗式的计划。如果中国想通过一次"太空壮举"来维护大国状态，并且宣告平等地位，那么中国需要超越性的行动，而不是重复美国 50 年前已经做过的事。中国已经计划了登陆月球背面这种"人类首次"的活动（注：已经成功了）。一个更显然的"大跃进"应该包含在火星上的足迹，而不只是在月球上。

撇开中国人不谈，我想载人航天的未来依赖于私人投资的冒险家，他们准备好参加廉价项目，其风险比西方国家能在民众支持之下进行的要大得多。埃隆·马斯克（他也制造特斯拉电动汽车）领导的太空探索技术公司（SpaceX），或者其竞争对手，由亚马逊创始人杰夫·贝索斯资助的蓝色起源公司，已经把太空船停到了国际空间站，而且很快就要为付费客户提供轨道飞行了。这些活动给长期被美国宇航局和几个航天类大企业控制的领域带来了硅谷文化，展示了回收并重复利用第一级火箭的可能性，这预示着真正的成本节约。这些企业对火箭技术的革新和改良速度远超美国宇航局和欧洲航天局——一枚 SpaceX 猎鹰火箭能把 50 吨有效载荷送上轨道。而国家级航天局未来的角色将会减弱，变得更近似于飞机场而不是航空公司。

如果我是个美国人，我不会支持美国宇航局的载人项目，我会主张那些鼓舞人心的私营企业优先推进其廉价而高风险的载人任务。会有许多被类似早期探险家、登山家等动机所推动的志愿者出现，其中一些人甚至可能会接受"单程票"。现在真的是时候摆脱那种太空活动都是国家（甚至国际）项目的心理定式了，同时打破那种自命不凡的说法，声称"我们"这个词是指代全人类的。有一些事，例如处理气候变迁，是不通过国际协调行动就无法做到的。而太空开发不必是这样，它可能需要一些公共规则，但是可以由私人或者团体推动。

已经有了时长一周的绕过月球背面的旅行计划，从地球出发，比以前任何人走得都远（但是不包括着陆月球再起飞这种大挑战）。（我听说）已经卖出了一张第二次这种飞行的票，但是第一次的没有。企业家和前宇航员丹尼斯·蒂托计划在有了新的重型发射装置之后把人送去火星再回来（并不着陆）。这样做会有 500 天与世隔绝。理想的船员是稳定的中年夫妇——年纪够大，不再担心一路上累积的高剂量辐射。

"太空旅行"这个短语也应该避免。因为它让人们觉得太空活动是一种日常的低风险的事。如果形成了这种认知的话，那么当无法避免的事故发生，就会带来好似航天飞机失事那样的创伤。因此，太空活动应该被当作危险的竞技或者无谓的探险来描述。

太空飞行最重要的障碍（包括在地球轨道上和去更远的地方），源于化学燃料本质上的低效率，以及随之而来的发射设备需要携带的燃料重量远超有效载荷的问题。只要我们还依赖着化学燃料，行星际旅行就会是一大挑战。核能有可能改变这个状况。核能可以帮助我们获得更高的航行速度，从而大幅缩短前往火星或小行星的时间，这不仅减少了宇航员的无聊，而且也减少他们在有害辐射中的暴露时间。

如果能源供给是在地面上进行而不需要带上太空，就能获得更高的效率。例如，通过"太空电梯"把航天器送上轨道，这在技术上应该是可行的。使用固定在地上的长达 30 000 千米的碳纤维绳索（从地面供能），垂直向上延伸到超过地球同步轨道的距离，这样绳索就会被离心力拉直。另一个替代方案是设想从地面上发射的强力激光束推动安装在航天器上的"帆"；这对轻型的太空探测器应该是可行的，原则上可以把它们加速到光速的 20％。①

　　顺便说一句，更有效率的燃料能够把载人航天从一种高精密活动变成几乎不需要技能的事情。假如驾驶汽车也像现在的太空航行一样，要有人事先制定整个行程的细节计划，顺利沿路行驶的机会也被减到最低，那么开车也会是一件艰难的事业。而如果燃料充足，中途可以修正路线（还能随心所欲地刹车和加速），那么行星际航行也会是一件低技术含量的任务，甚至比开车或者开船还容易，因为目的地总是可见的。

　　到 2100 年，（所谓）菲利克斯·鲍姆加特纳（奥地利跳伞者，2012 年从高空气球自由下落，打破了音障）式寻求刺激的人们或许已经在火星或者小行星上建立了独立于地球的"基地"。太空探索技术公司的埃隆·马斯克（生于 1971 年）说他希望死在火星上，但不是死于

---

　　① 富有远见的工程师罗伯特·福沃德在 1970 年代讨论了激光推进。最近，P.卢宾、J.本福德和其他人进行了更细致的研究。由尤里·米尔纳的"突破基金会"支持的"摄星计划"也在认真地研究能否把一个晶片状的探测器加速到接近 20％光速，从而在 20 年内抵达最近的恒星。

撞击火星。然而不要期望能大规模从地球移民。在这里，我强烈地不同意马斯克，也不同意我后来的剑桥同事斯蒂芬·霍金的说法，他热衷于快速建设大规模的火星社区。认为太空可以提供逃离地球难题的机会，那是一种危险的错觉。我们必须就在这里把难题解决掉。处理气候变化的确看来让人气馁，但和火星地球化相比还是轻而易举的。在我们的太阳系里甚至不会有地方的环境像南极或者珠穆朗玛峰顶上一样温和。并没有一个可以让普通人逃避风险的"B计划"。

但是我们（以及我们在地球上的子孙）应该为勇敢的太空冒险家们欢呼，因为他们将在引领新人类的未来中起到关键作用，决定22世纪和以后发生的事。

3.4 迈向新人类纪元？

为何这些太空探险家如此重要呢？太空环境在本质上是反人类的。因为他们的新居住地容易让人生病，所以这些探险先锋会比我们这些留在地球上的人有更强烈的动机去重新设计自己的身体。他们会利用未来的几十年里获得发展的强力基因技术和赛博格技术。人们希望这些技术在地球上能够基于审慎和伦理的理由被严格限制，但是火星上的"移民"会远离这些监管者的掌控。我们应该祝他们好运，能够顺利改造后代适应外星环境。基因修饰辅以赛博格技术——这可能是变成纯无机智慧生物的中间过程。所以将会是这些宇宙旅行的冒险家——而不是我们这些适应了地球舒适生活的人——引领新人类纪元。

在启程离开地球之前，不管目的地是哪里，太空旅行者们都知道旅程的终点有什么。自动探测器已经在他们之前到达了。几百年前的欧洲探险家们跨越太平洋驶进一片未知领域，他们前行的距离远超他们之后的探险者（而且他们面对了更多的恐怖危险），那时也没有先导探测来绘制地图，跟太空探险不一样。未来的太空旅行者总是可以跟地球联络的（尽管有延时）。如果先导

探测器发现了可供探索的好目标，那么动机就更强
了——就像库克船长被太平洋岛屿上的生物多样性与美
景吸引一样。但如果那里只是一片不毛之地，那么还是
留给机器工人去好了。

有机生物需要行星表面的环境，但如果新人类转变
为纯无机智慧，他们就不再需要大气了。他们可能更喜
欢无重力，尤其是可以建造广阔但很轻的住所。所以非
生物的"大脑"将在深空——而不是在地球上，甚至不
是火星上——发展出强大的力量，甚至超过人类的想
象。技术进步的时标会被用来与最终导致人类诞生的达
尔文自然选择的时标做对比（虽然只相当于片刻时
间），（更贴切地说）连此前宇宙存在的漫长时光的百万
分之一都不到。而未来技术演化的成果会超越人类，就
像我们（在智力上）超越黏菌一样。

看来好像"无机物"（智能电子机器人）最终要取得
支配地位了。这是因为一些化学和新陈代谢的原因限制
了有机"湿"脑的尺寸和处理能力。也许我们已经接近

这些极限了，但是电子计算机并没有这些限制（更别说量子计算机了）。所以不论在何种意义上，人类式有机大脑的"思考"数量和强度都被人工智能（AI）超越了。我们（人类）可能已经接近了达尔文学说的演化的尽头，然而另一个更快速的进程，也就是人工智慧的大发展，才刚刚开始。这会在远离地球的地方快速发生。我并不期待（当然也不希望）这种人类的剧变会在地球上发生，虽然我们能否幸存将取决于能否确保地球上的人工智能保持"仁慈"。

　　哲学家会讨论"意识"是否为人类、猿和狗的有机大脑所独有。机器人是否真的缺少自我意识和内心体验呢，即使他们的智力超过人类？这个问题的答案对于我们如何应对他们的"接管"至关重要。如果机器都是僵尸，我们就不会认为他们的体验与我们的同样有价值，而新人类未来就显得黯淡无光。但是如果他们是有意识的，我们为什么不欢迎由他们领导的未来呢？

　　刚才我所描述的事情会带来一个后果——人类自尊

167

的提升，即使地球是生命唯一的起源，也没有必要一直留在地球上。人类可能更接近的是一个过程的开端，而不是结尾，也就是更复杂的智慧在银河中散播的过程。前往近邻恒星只是这个过程最初的一步。恒星际旅行，甚至星系间旅行，对于近乎不朽的生命来说都不足惧。

即便我们不是进化树上最终的一支，人类仍然可以推进向电子（也可能是不朽的）生命形态转化，在远离地球的地方散播影响，并且远超我们的局限，从而真正获得宇宙层面的意义。

但是所有这些事的目的和道德上的约束都建立在一个重大天文学问题的答案上：在那里是否已经有了生命——智慧生命？

3.5　外星智慧？

系外行星上植物、原始虫子、细菌的确凿证据都会是非常重要的。但是能真正燃起大众想象的事是发现高级生命——科幻作品中常见的"外星人"。①

即使原始生命很普遍，"高级"生命也可能并非如此，其诞生依赖于若干偶然事件。地球上的生命演化过程受到冰川期、行星地质构造史、小行星撞击等的影响。有几个作者推测了演化的"瓶颈"——难以通过的关键阶段，也许转化为多细胞生物（在地球上这用了 20 亿年）就是其中一个，或者"瓶颈"会推迟到来。例如，假设恐龙没有灭绝，那么最终产生出人类的哺乳动物演化链条就会被关闭；我们无法判断是否会有其他物种取代了我们的角色。一些演化论者认为智慧的产生是一种不易发生的事件，即使在复杂的生物圈里也是如此。

也许更不吉利地讲，我们自己的演化阶段上就可能

---

① 有关这一主题比较好的介绍有 Jim Al-Khalili 编辑的《外星人：寻找地外生命的世界顶尖科学家》（*Aliens: The World's Leading Scientists on the Search for Extraterrestrial Life*，New York：Picador，2017）；以及 Nick Lane 的《关键问题：为什么生命是这样的》（*The Vital Question: Why Is Life the Way It Is*？New York：W. W. Norton，2015）。

有一个"瓶颈"——就在这个世纪，智慧生物已经发展出强大技术的时候。对于"地球起源"的生命的长期预测决定于人类是否能挺过这个阶段，尽管在各种危机前我们所暴露的弱点我已经在前面章节写过了。这并不要求没有终极灾难降临地球——只要在灾难发生之前，一些人或者人造物散播出了母行星就够了。

就像我强调过的，我们对于生命的诞生所知太少，无法判断外星智慧是可能存在还是相反。宇宙可能充满了各种各样的复杂生命，我们可以寻求成为"银河俱乐部"的次级成员。另一方面，智慧的诞生也许需要一系列的小概率事件，就像中彩票，所以在其他地方都还没有发生过。那就会让寻找外星人的人们失望了，但是这也意味着地球是银河中最重要的地方，地球的未来具有宇宙级的重要性。

只要探测到任何显然是人造的宇宙"信号"都必定是个重大发现，包括无线电的"哔哔声"，或者天上的激光扫过地球时的闪光。搜寻地外文明计划（SETI）是有价值的，尽管看起来成功的机会渺茫，因为风险太高了。弗兰克·德雷克、卡尔·萨根、尼古拉·卡尔达舍夫等人领导的早期搜寻没有发现任何人造讯息。这是因为他们的工作很有限，就好像分析了一玻璃杯海水就宣称海洋中没有生命一样。那也是为什么我们应该欢迎突破聆听计划的启动，这是由俄罗斯投资人尤里·米尔纳支持的 10 年计划，通过购买世界上最好的射电望远镜的使用时间、开发新设备，以前所未有的综合并持续的方式来扫描天空。搜寻工作会覆盖大范围的射电和微波频率，使用特别开发的信号处理设备。同时辅以对看似非自然来源的可见光和 X 射线"闪光"的搜寻工作。此外，社会媒体和公民科学的出现使全球性的爱好者社群成为可能，他们可以下载数据加入这项宇宙搜索事业。

在通俗文化里，外星人被描绘得有些像人，通常有两条腿，可能有触手，或者眼睛下面有柄，或许这样的生物是存在的。但是我们最有可能探测到的外星人不会是这种。我强烈认为，如果我们会发现外星信号，这些信号更可能是来自极端复杂而强大的电子脑。我这个推测得自地球上已经发生的事，而更重要的是我们对生命与智慧如何在远未来演化的期盼。差不多 40 亿年前，地球还年轻的时候，第一个微小的生命出现了；这个原始的生物圈演化成了今天不可思议的复杂生命网——人类正是其一部分。但人类并不是这一过程的终点，实际上，甚至还未到达一半的位置上。未来的演化——血肉生物并不占优势地位，而新人类纪元——将会向未来延续数十亿年。

假设有一些其他行星上有生命，而且其中一些上面的达尔文式演化遵循着与地球上相似的轨迹，其演化的关键阶段也极不可能跟地球同步。如果智慧和科技在一个星球上的出现大大晚于地球（因为那颗行星还年轻，或者通过"瓶颈"期的时间更长），那么这个星球上就不会出现外星智慧的证据。但是，一颗比太阳年老的恒星周围，生命可能就有 10 亿年或者更多的领先优势。

人类的科技文明史只能以千年计（最多），而可能一到两个世纪之内人类就会被无机智慧赶上或超越，而后者会存在数十亿年，并且持续演化。假如通常来说"有机的"人类水平的智慧只是在被机器取代之前的小插曲，那么我们也不大可能在外星智慧生命还保持有机形态的短暂时间里"捕获"它。如果我们探测到外星智慧，它更可能是电子的。

但即使搜寻成功了，得到的"信号"仍然不太可能是能被破解的信息。它很可能只是某些复杂到远超我们理解力的机器的副产品（甚至是故障），这些机器的起源可以追寻到有机形态的外星生物（可能仍然存在于它们的故乡行星，也可能早就灭绝了）。能被我们破解其信息的智慧生命，只能是那些特意使用技术专门按我们的思想调整过的外星智慧中的（可能很小的）一部分。所以，我们能够判断一个信号是特意发来的信息还是某种"泄露"吗？我们能够与其建立通信吗？

哲学家路德维希·维特根斯坦说过："即便狮子会说话，我们也听不懂。"我们与外星人之间的"文化鸿沟"是不可逾越的吗？我想不是必然如此。毕竟，如果他们设法联系上了我们，他们也应该会与我们分享对物理学、数学和天文学的理解。他们也许来自行星佐格（注：疑似出自《神秘博士》），还长着7条触手；他们也可能是金属和电子器件形成的生物。但他们是由与我们相似的原子组成的；他们（如果有眼睛）也会看着同样的宇宙，并且追溯其起源一直到炽热而高密度的起点——大约138亿年前发生的"大爆炸"。然后并不存在人类和他们热烈交谈的可能，如果他们存在的话，也一定是距离非常遥远，交换一次信息要花费几十年甚至几百年。

即使智慧遍布宇宙，我们也许也只能识别出非典型的一小部分。一些"大脑"会以我们无法设想的方式来包装现实。而另一些可能以低能量的沉思方式生活，不会做显示他们存在的事情。首先聚焦于搜寻围绕着长寿命恒星的类似地球的行星是有道理的。但是科幻作家提醒我们还有其他奇异（事情存在）的可能。特别是，我们习惯于讲"外星文明",这就可能是有局限性的。"文明"意味着由个体组成的社会;与之相反,外星智慧可能是一个单一的完整智慧体。即使有信号发送过来,我们也可能无法分辨出它们是人为的,因为我们不能破译它们。一个只熟悉调幅的无线电工程师可能要花费很大力气才能破解现代的无线通信。实际上,压缩技术的目标就是把信号变得尽可能接近噪声——如果信号还能分辨,就表示还有压缩的余地。

　　搜寻的焦点被放在光谱的射电部分。当然,鉴于我们尚且对那里有什么一无所知,(因而)应该探索所有的波段。我们应该去看可见光和 X 射线波段,也应该警觉其他非自然现象或活动的证据。有人会去寻找人造分子的证据,例如系外行星大气中的氟利昂;其他人会去寻找巨大的人工制品,例如戴森球(这个想法来自弗里曼·戴森,他设想一个耗能巨大的文明可能会用光伏电池把其母恒星围住,从而利用所有的能量,而那些"废热"会以红外辐射的方式暴露出来)。在我们的太阳系内寻找人工制品也是有价值的；也许我们能排除人类大小的外星人来访的可能，可是如果一种地外文明掌握了纳米科技，并且把其智慧转移到机器里，那么这种"入侵"就可能由一群难以被注意的微观探测器组成；甚至密切注意潜伏在小行星中的特别闪亮或者形状奇怪的物体也是有意义的。然而发射一个射电或激光信号当然比跨越星际空间那难以置信的距离要容易多了。

我认为即使最乐观的 SETI 搜索都不会觉得成功机会能大于几个百分点，而我们中的大多数人都更加悲观。但这件事是如此令人着迷，所以值得一赌，我们都希望看到搜寻工作在有生之年开始。有两句熟悉的格言很适合这项任务："非凡的主张需要非凡的证据"，和"证据没出现不能证明不存在"。

我们也必须认识到，一些自然现象是多么令人惊讶。例如，在 1967 年剑桥的天文学家发现了一个规律的射电"哔哔声"信号，每秒钟重复几次。这会是外星人的广播吗？有些人准备好接受这种信号的可能了，但是很快搞清这些哔哗声来自一种此前未被探测到的超大密度天体——中子星，一种直径只有几千米而且每秒钟转几圈的天体（有的是几百圈），从深空向我们发射出像"灯塔光束"一样的射电信号。对中子星的研究——目前已知有几千颗，这是一个特别激动人心而且多产的课题，因为它们展现了一种自然产生的极端物理环境，而我们无法在实验室里仿造。[①] 最近，一组新的更复杂的"射电爆发"被发现了，发射强度甚至超过了脉冲星，[②] 但总的方案是去寻找其自然的解释。

    SETI 计划依赖于个人慈善。其在获取公共基金上的失败让我惊讶。如果我站在一个政府委员会面前，我不会感觉脆弱，会自在地去保卫 SETI 计划，而不是寻求资金去建设一个新的巨大的粒子加速器。这是因为，有

[①] 有很多关于脉冲星的文献，杰夫·麦克纳马拉（Geoff McNamara）给出了一个综述《天空中的钟表：脉冲星的故事》（*Clocks in the Sky: The Story of Pulsars*，New York：Springer，2008）。

[②] 快速射电暴在被深入研究，而且有关的观点变化很快。其最好的参考是维基百科 https://en.wikipedia.org/wiki/Fast_radio_burst。

数千名观看类似《星球大战》电影的人会因为他们（的消费所）产生的部分税收被用来支持 SETI 计划而高兴。

也许有一天我们会发现外星智慧的证据，甚至于（尽管可能性很小）"接入"某种宇宙意识。在另一方面，也许我们的地球是独一无二的，所有搜寻都会失败。这会让搜寻者失望。但是在人类的长远共鸣上却是有优势的。我们的太阳系才到中年，而人类如果在下一个百年里避免自毁行为，那么新人类纪元就来到了。源自地球的智慧将散布整个银河系，变得丰富和复杂，远超我们的想象。如果这样的话，我们的小星球——漂浮在太空中的暗淡蓝点，将是整个宇宙中最重要的地方。

不管怎样，我们的宇宙家园——这个包含着星星和星系的广阔天穹，看起来就像是被"设计"或者"调整"成了生命的住所。从一次简单的大爆炸开始，惊人的复杂事物得以展开，导致了我们（人类）出现。即使我们现在是独自处在宇宙之中，也不是这个驶向复杂与意识的"车程"的顶点。这告诉了我们一些关于自然法则的非常有意义的事，也激励我们在下面的章节去看一看宇宙学家所设想的时间与空间的广阔边界。

4 科学的边界和未来

4.1　从简单到复杂

一个猜想：假设一个"时间机器"允许我们发送一条小"推文"给过去那些伟大的科学家，比如牛顿或者阿基米德。什么信息最能启发他们，改变他们对世界的看法？我认为将是这个奇妙的认知：我们自身以及日常生活中的一切，都是由不到 100 种的不同原子构成的。大量的氢、氧、碳，以及少量但极其重要的铁、磷和其他元素的混合物。所有有生命和无生命的物质，其结构都是由原子结合和反应的复杂模式所决定的。整个化学过程是由原子中带正电的原子核与带负电的电子之间的相互作用决定的。

原子很简单，可以用量子力学方程（薛定谔方程）来描述它们的性质。而要描述黑洞，我们可以解爱因斯坦方程。人们已经充分理解了这些"基础知识"，所以工程师们能够设计出现代生活中的各种东西。（爱因斯坦的广义相对论已经在 GPS 卫星上得到了实际应用。如果没有对 GPS 卫星上的时钟进行适当的校正，它们将因重力的影响而失去精确性。）

所有生物错综复杂的结构表明，从根本规律的运行中可以产生复杂的层次。数学游戏可以帮助我们意识到，简单的规则一次又一次迭代之后，确实会产生惊人的复杂后果。

普林斯顿大学的约翰·康威是数学界最具魅力的学者之一。[①]当他在剑桥大学任教时，学生们创立了一个"欣赏康威社团"。他的学术研究涉及一个被称为群论的数学分支。但他因为开发了"生命游戏"，而吸引了更广泛的受众并产生了很大影响。

1970 年，康威开始在围棋棋盘上尝试设计各种图样，他想设计一个以简单图样开始，通过基本规则反复迭代的游戏。他发现，通过调整游戏规则和初始图样，某些布局产生了难以置信的复杂结果，就像无中生有似的，因为游戏的规则是如此简单。"生物"出现了，它们在棋盘上来回移动，似乎有生命一样。游戏只有很简单

---

① 康威的传记《游戏的天才：约翰·霍顿·康威的好奇心》(*Genius at Play: The Curious Mind of John Horton Conway*, New York: Bloomsbury, 2015)，作者 Siobhan Roberts。

的规则，规定一个白色方块何时变成黑色方块（反之亦然）。但是，将这个规则一次又一次地迭代应用后，各种迷人的复杂图样就诞生了。游戏爱好者们发现了诸如"滑翔机""滑翔枪"及其他一些有复制能力的图样。

在设计出这个简单的、充满各种趣味的图样的"虚拟世界"之前，康威进行了很多次试错。在个人电脑出现之前，他用的是铅笔和纸，但生命游戏的含义只有在计算机的运算速度下才能显现。同样，早期个人电脑的出现，也使得本华·曼德博和其他人能够绘制出各种奇妙的分形图形，昭示了简单的数学公式也能编码出看起来非常复杂的东西。

大多数科学家都对物理学家尤金·维格纳在一篇题为《数学在自然科学中不可思议的有效性》的经典论文中所表达的困惑产生了共鸣。[①]同样，爱因斯坦的名言

---

① 这篇文章出自尤金·维格纳（Eugene Wigner）的《对称性与反思：尤金·P.维格纳的科学随笔》（*Symmetries and Reflections: Scientific Essays of Eugene P. Wigner*, Bloomington: Indiana University Press, 1967）。

"宇宙中最难以理解的事情就是宇宙是可以被理解的"
也让人玩味。令人惊奇的是，物理世界并不是杂乱无序
的，无论是在遥远的星系，还是在我们的实验室里，原
子都遵循同样的规律。正如我已经提到的（3.5 节），如
果我们发现了外星人并想与他们交流，数学、物理学和
天文学可能是我们唯一共通的文化。自从巴比伦人设计
了历法、预测了日食开始，数学就一直是科学的语
言（就像某些人将音乐视为宗教的语言）。

保罗·狄拉克是量子理论的先驱之一，他展示了数
学的内在逻辑是如何为新发现指明方向的。狄拉克断
言："最有力的前进方法是利用纯数学的所有资源，来完
善和归纳形成理论物理现有基础的数学形式，并在每一
次成功后，尝试用物理实体来解释新的数学特征。"①

正是数学把狄拉克引向了反物质这一概念。"反电

① 引用出自保罗·狄拉克（Paul Dirac）1931 年的经典论文《电磁场
中的量子化奇异性》（Quantised Singularities in the Electromagnetic Field,
Proceedings of the Royal Society A，133（1931）：60）。

子"，现在被称为"正电子"，是在狄拉克建立了一个方程的几年后被发现的，如果没有"正电子"，这个方程就会看起来"很难看"。

　　当今的理论物理学家们与狄拉克有着同样的动机，他们希望通过探索弦理论等概念来更深入地理解现实，这些概念涉及的尺度远小于任何我们可以直接探测到的尺度。同样，在另一个极端，一些人正在探索宇宙学理论，这些理论暗示宇宙比我们能用望远镜观测到的要广袤得多（4.3 节）。

　　宇宙中的每一个结构都是在数学规则支配下，由基本的"积木"构成的。然而，这种结构通常过于复杂，即使是最强大的计算机也无法计算。但也许在遥远的未来，后人类时代的智能（不是有机的形式，而是自主进化的物体）将发展出具有处理能力的超级计算机来模拟生物，甚至整个世界。也许先进的智能可以使用超级计算机来模拟一个"宇宙"，这个"宇宙"不仅仅是棋盘上的图样（就像康威的生命游戏），甚至可以是电影或电脑游戏中最好的"特效"效果。假设他们能够模拟一个和我们所感知的宇宙一样复杂的宇宙，那么，也许我们就是模拟的！

4.2　认识我们这个复杂的世界

曾经出现在科幻小说中的种种可能，已经变成了严肃的科学辩论。从大爆炸的一瞬间到是否有外星人存在，科学家们被引向比大多数小说家想象中更奇怪的世界。乍一看，人们可能认为，我们宣称甚至试图去理解遥远的宇宙是自以为是，因为我们对身边的许多东西都还不甚了解。但这种想法可能是不公平的。整体可能比部分简单。想象一下，一块普通的砖，它的形状可以用几个数字来描述。但如果你把它打碎，这些碎片就不能被这么简单地描述了。

科学的进步是参差不齐的。虽然听起来很奇怪，但我们了解最深入的反而是那些遥远宇宙中的现象。早在 17

世纪，牛顿就可以描述天体的运行，日食既可以被理解也可以被预测。但是，（身边）能被准确预测的事情太少了，即使我们已经对它们有很多了解。例如，天气预报就很难，即使是一天以前，也很难预测那些去看日食的人会遇到多云还是晴天。事实上，在大多数情况下，对我们能预测多远的未来，是有一个基本的限制的。这是因为存在很多微小的意外事件，比如一只蝴蝶是否会拍打它的翅膀，都会对结果产生指数级的影响。由于这样的原因，即使是最精细的计算，也无法准确地预测出之后几天英国的天气（但是，这并不会影响对长期气候变化的预测，也不会影响我们相信明年 1 月将比 7 月更冷）。

今天，天文学家可以"放心地"将引力波探测器中的微小振动归因于距离地球十亿光年之外的两个黑洞之间的"碰撞"。[1]相比之下，我们对一些日常熟悉的事情

---

① 霍弗特·席林（Govert Schilling）所著的《时空涟漪》（*Ripples in Spacetime*，Cambridge，MA：Belknap Press of Harvard University Press，2017），这本书对这一发现及其背景做了很好的说明。

的了解却并不太多，例如饮食和儿童护理，以至于"专家"的建议每年都在改变。当我年轻的时候，牛奶和鸡蛋被认为是好的；十年后，因为它们的高胆固醇含量，被认为是危险的；现在又被认为是无害的。所以，巧克力和奶酪的爱好者们可能不需要等待很久，就会被告知这些食物对他们是有益的。而且，目前还有很多最常见的疾病还无法治愈。

在我们对日常事物感到困惑的同时，对神秘遥远的宇宙现象却有了充分的理解，但这并不矛盾。因为天文学研究的现象远没有生物科学和人文科学那么复杂，甚至比环境科学都简单。

***

那么，我们应该如何定义或衡量复杂性呢？俄罗斯数学家安德烈·科尔莫戈洛夫提出了一个正式的定义：事物的复杂性取决于可以完整描述它的最短的计算机程序的长度。

　　只由几个原子组成的东西不会很复杂，大的东西也不一定是复杂的。例如，一个晶体，即使它很大，也并不复杂。比如盐晶体的结构就很简单：钠原子和氯原子重复地组装在一起，形成一个立方晶格。相反，如果你把一个大晶体切碎，也不会有太大变化，只有当它分解到单个原子的尺度时，才会发生很大变化。恒星尽管很大，但它也相当简单。它的核心极热以至于没有化合物存在（复杂的分子被撕裂），基本上是由原子核和电子组成的没有固定形状的气体。黑洞虽然看起来很奇特，但却是自然界中最简单的实体之一。实际上，它们可以用比描述原子更简单的方程来精确地描述。

　　我们的高科技产品是复杂的。例如，一个有十亿个晶体管的硅芯片在各个层面上都有多层结构。但最复杂的还是生物。从细胞内的蛋白质到四肢和主要器官，动物的内部结构在不同的尺度上相互联系。如果生物被切碎，就无法保持它的本质，它会死亡。人类比原子或恒星更复杂（顺便说一句，人的质量介于两者之间；达到太阳的质量所需的人的数量和组成人的原子的数量差不多）。人类的基因是由 30 亿条 DNA 链编码的。但我们（人类）并不完全是由基因决定的，我们是由我们的环境和经验塑造的。我们所知的宇宙中最复杂的东西是我们自己的大脑。思想和记忆（由大脑中的神经元编码的）远比基因更多样。

　　然而，"科尔莫戈洛夫复杂性"和事物是否真的看起来复杂有着重要的区别。例如，康威的生命游戏产生了看起来很复杂的结构。但这些可以用一个简短的程序来实现：选取一个特定的起始位置，然后根据游戏的简单规则反复迭代。曼德博集合的复杂分形图形也是由一个简单算法就能得到的。但这些都是特殊情况。我们日常生活中的大多数事情都太复杂了，所以很难预测，甚至很难对它们进行详细描述。但是，通过一些关键的洞见，仍然可以捕捉到它们的本质。我们的观点已被伟大的统一的思想所改变。大陆漂移（板块构造）的概念有

助于我们在全球范围内整合地质和生态模式。达尔文的
洞见——通过自然选择的演化——揭示了这个星球上整
个生命网络的整体性。DNA 的双螺旋结构揭示了遗传
的基础。自然界中有模式，甚至我们人类的行为也有模
式可循：城市如何扩张、流行病如何传播、计算机芯片
等技术如何发展等。我们越了解这个世界，就越发现它
没有那么令人困惑，我们就越能改变它。

　　科学可以被看作一个层级体系，像建筑的楼层一样
排列，处理更复杂系统的那些在上层，粒子物理在地下
室，再上一层是物理学的其余部分，再上面是化学，再
上面是细胞生物学，然后是植物学和动物学，然后是行
为学和人文科学（经济学家们声称他们在最顶层）。

　　在科学的层级体系中，学科的排序没有争议。有争
议的是"底层科学"，尤其是粒子物理学，比其他科学
更深刻或更基础。从某种意义上说，它确实是。正如物
理学家史蒂文·温伯格所指出的："箭头都指向下方。"
换句话说，如果你一直追问"为什么？为什么？为什

么？"你最终会落在粒子水平上。温伯格认为，科学家几乎都是还原论者，他们相信无论事物多么复杂，都是薛定谔方程的一个解；不像早期的"生机论者"，他们认为生物被注入了一些特殊的"本质"。但这种还原论在概念上并没有用。正如另一位伟大的物理学家菲利普·安德森强调的，"多即是不同"；包含了大量粒子的宏观系统会展现出"涌现①"的特性，用与系统水平相当的新的概念才能更好地理解它们。

即使是像管道或河流中的水流这样一点也不神秘的现象，也需要用黏度和湍流等"涌现"的概念来理解。流体力学专家并不关心水是由水分子组成的，他们把水看作一个连续体。即使他们有一个超级计算机，可以求

---

① 译者注：涌现（英语：emergence），或称创发、突现、呈展，是一种现象，指许多小实体相互作用后产生了大实体，而这个大实体展现出组成它的小实体所不具有的特性。许多人都曾定义过"涌现"这个概念，包括亚里士多德、约翰·斯图尔特·密尔、朱利安·赫胥黎、乔治·亨利·刘易斯。涌现中有两种学派的看法：弱涌现中，元素层面的互动会造成新的特质出现，而突现特质可以化约到其个别的成分，通常是决定论者的观点；强涌现里，新特质是无法化约的，是超过各部分的总和的。

解水流中每一个原子的薛定谔方程，其结果的模拟也提供不了任何有关水波是如何解体的，或什么导致了水流变成湍流的洞见。那些新的不可再简化的概念，对我们理解极其复杂的现象，例如迁徙的鸟或人类大脑，更为关键。不同层次的现象，可以用不同的概念来理解：湍流、生存、警觉等。大脑是细胞的集合；绘画是颜料的集合。但更重要和有趣的是其模式和结构，是涌现的复杂性。

这就是为什么用一座建筑来比喻是不太恰当的。薄弱的地基会危害建筑的整个结构。相比之下，处理复杂系统的"更高层次"的科学不会像建筑那样容易受到不安全的地基影响。每门科学都有自己独特的概念和解释模式。还原论在某种意义上是正确的，但从有用的角度来考虑，它并不正确。只有大约1％的科学家是粒子物理学家或宇宙学家，另外99％的人在"更高层次"工作，他们面临的挑战是他们学科的复杂性，而不是对亚核物理了解得不够。

4.3 物理现实能延伸多远

太阳是 45 亿年前形成的，但在燃料耗尽之前它大约还有 60 亿年的寿命。然后它会爆发，将内行星吞噬。宇宙的膨胀可能会永远持续下去，注定会变得越来越冷，越来越空。就像伍迪·艾伦说的，永恒是非常长的，特别是接近终点的时候。

能目击太阳消亡的生物肯定不会是人类，这些生物与我们之间的差异就像我们和虫子之间的差异。在地球上以及地球以外更远的地方，"后人类"的演化可能会像达尔文演化那样持续很长时间，而且更加奇妙。现在进化正在加速，它将在技术发展的时间尺度上，通过"智能设计"来实现。它由遗传学和人工智能的进步所驱动，其速度远比自然选择要快。在遥远的未来，演化可能更偏向于"电子生命"而不是有机的"生命"（见3.3 节）。

从宇宙学的角度（或者说在达尔文时代），一千年只是一个瞬间。所以让我们"快进"一下，不是几个世纪，也不是几千年，而是"快进"比千年还多几百万倍的"天文"时间尺度。在我们的星系中，恒星出生和死亡的"生态"将逐渐变慢，直到遭受"环境冲击"，也就是与仙女座星系产生碰撞，这也许会发生在 40 亿年以后。我们银河系的碎片，将和仙女座以及本星系群中其他星体的碎片聚集成一个没有固定形状的恒星群。

在宇宙尺度上，引力被一种神秘的力量所压制，这种力量潜藏在空旷的空间中，将星系彼此推开。星系加速远离，消失在地平线上，就像是有东西掉入黑洞时所发生的情况的反向情况。在千亿年之后，我们能看到的，将是我们本星系群中那些死亡和即将死亡的恒星。但这个过程可能会持续数万亿年，这么长的时间，可能足以使生命系统趋向复杂化，并使"负熵"达到顶峰。所有曾经存在于恒星和气体中的原子都可以转变成像一个生物或硅芯片一样复杂的结构，但这是发生在宇宙尺度上的。在黑暗中，质子可能会衰变，暗物质粒子湮灭，黑洞蒸发时偶尔会闪一下光，然后就是死寂。

1979 年，弗里曼·戴森（已经在 2.1 节中提过）发表了一篇现在被视为经典的文章，其目标是"建立宇宙命运归宿的数学极限"。[①]假设所有物质都能被理想地转入计算机或超级智能，那么还会存在信息处理的上限吗？能想到无限多的想法吗？答案取决于宇宙学。在低温下进行计算所需的能量更少。对于我们所处的宇宙来说，戴森所说的极限是有限的，但如果"思想者"能保持低温并缓慢思考的话，这个极限可以最大化。

我们对空间和时间的了解是不完整的。爱因斯坦的相对论（描述引力和宇宙）和量子原理（对理解原子尺度至关重要）是 20 世纪物理学的两大支柱。但能统一它们的理论尚未完成。当前的观点表明，进步将取决于能否完全理解真空空间。真空空间似乎是所有事物中最简单的实体，它也是一切事情发生的舞台；在比原子还小一万亿倍的尺度上，它可能具有丰富的结构特征。根据弦理论的说法，如果用这样的尺度来放大观察，普通

---

① 弗里曼·戴森（Freeman Dyson）《无尽的时间：开放宇宙中的物理学和生物学》（Time without End: Physics and Biology in an Open Universe, *Reviews of Modern Physics* 51（1979）: 447–460）。

空间中的每一个"点"都可能显示为在多个维度中紧密折叠的折纸。

同样的基本定律适用于我们可以用望远镜观测的整个领域这件事。如果原子的行为不是"混乱无序"的，我们在理解可观测的宇宙方面就不会有任何进展。但我们可观测的宇宙可能并非全部的物理现实；一些宇宙学家猜测，"我们的"大爆炸可能并不是唯一的一个，物理现实太大了，大到足以包含整个"多重宇宙"。

我们只能看到有限的时空、有限数量的星系。这主要是因为我们周围有一圈地平线，一个壳包围着我们，这个壳以光能到达我们的最远距离为半径。但是，如果你处于海洋中，你的周围也有一圈地平线，这个壳其实并没有什么实际意义。即使是保守的天文学家也相信我们的望远镜所能观测的范围内的时空——天文学家传统上称之为"宇宙"——只是大爆炸后极小的一部分。我们预计会有更多的星系在这一圈地平线之外，无法被观测到，每一个星系（连同它所承载的任何智能）都会像我们的星系一样发展、进化。

大家肯定都知道这个说法：如果给足够多的猴子以足够多的时间，它们就能写出莎士比亚的作品（还包括所有其他书籍，以及每一句能被想到的言语组合）。这种说法在数学上是正确的。但最终成功之前的"失败"次数会是一个大约 1 000 万位数的数字。我们可观测的宇宙中所有原子的数量，也只是一个 80 位数的数字。如果我们银河系中的所有行星上都布满了猴子，如果它们从第一颗行星形成开始就一直在打字，那么它们所能做的最好结果也就是能打出一首十四行诗（它们打出的文字将包括来自世界所有文献的简短连贯的片段，但没有一部是完整的作品）。要它们写出某一本书是极其不可能的，在可观测的宇宙中一次都不可能发生。当我们掷骰子的时候，能连续掷出几个六点，但是（除非骰子有问题），我们不会指望连续掷出 100 个六点，就算我们持续掷 10 亿年也不可能。

然而，如果宇宙延伸得足够大，任何事情都可能发生。在我们这圈地平线以外的某个地方，甚至可能有一个跟地球一模一样的星球。这要求空间必须非常非常大，如果用一个数字来描述，100 万位的数字肯定不够；需要是 10 的 100 次方，1 后面要有 100 个零。10 的 100 次方叫作古戈尔（googol），1 后面有古戈尔个零的数字，叫作古戈尔普勒克斯（googolplex）。

如果有足够的空间和时间，所有可以想象得到的事情都可以在某个地方发生，但是几乎所有这些事情都会发生在我们可以想象的观测范围之外。这个选择组合可能包括我们自己的复制品（副本），以及我们所能做出的所有选择。无论何时，如果需要做出一个选择，我们的每一个复制品（副本）会选取一个不同的选择。你可能觉得你做出的选择是"坚定的"。但这也许只是一种安慰，在遥远的某个地方（远远超出我们的观察范围），你有一个复制品（副本）做出了相反的选择。

所有这些都可以包含在"我们的"大爆炸的结果中，它可以扩展到一个极大的容量。不止于此，我们一般所称的"宇宙"——我们"大爆炸"的结果——可能只是一个岛屿，只是一小片时空。在一个可能是无限大的群岛上，可能有很多个大爆炸，而不仅仅是一个。这个"多重宇宙"的每一个组成部分都可能以不同的方式冷却下来，最终可能会被不同的规律所支配。正如地球在无数行星中是一个非常特殊的行星一样，在更大的尺度上，我们的大爆炸也可能是一个相当特殊的大爆炸。在这个极大扩展的宇宙观里，爱因斯坦和量子物理的规律可能只是支配我们这一小片宇宙的地方法则。所以，不仅在微观尺度上空间和时间具有复杂的"微粒感"，而且在另一个极端，在比天文学家可探测到的更大的尺度上，空间和时间的结构可能与一个丰富的生态系统中的动物群一样复杂。就整体而言，我们目前对物理现实的概念可能是有限的，就像浮游生物对地球的看法一样，在它们眼里"宇宙"只是一勺水。

事实真的是这样吗？21世纪物理学其中的一个挑战，就是回答两个问题。第一个，有很多"大爆炸"而不只是一个吗？第二个，这个更有趣，如果有很多，它们都是由相同的物理规律支配的吗？

如果我们真的处于一个多重宇宙中，这将意味着第四次，也是最伟大的一次哥白尼革命；我们已经经历了哥白尼革命本身，然后意识到我们的星系中有数十亿个行星系统；我们的可观测宇宙中有数十亿个星系。但现在这些还不是全部。天文学家所能观察到的全部可能只是"我们的"大爆炸的结果的一小部分，而"我们的"大爆炸本身也只是无数个大爆炸之一。

乍一看，平行宇宙的概念似乎太晦涩神秘，没有什么现实影响。但实际上（在它的一种形式中）它可能提供了一种全新的计算机前景：量子计算机。实际上，量子计算机可以利用无限的平行宇宙来共同计算并超越最快的数字处理器的极限。

50 年前，我们还不确定是否有过大爆炸。例如，我在剑桥大学的导师弗雷德·霍伊尔就对大爆炸提出了质疑，他认为"稳定状态"的宇宙是永恒不变的（他始终没有完全认同大爆炸，在晚年他主张一种折中的想法，这种想法可被称为"稳定爆炸"）。现在我们有足够的证据来描绘宇宙历史，回到那超级致密的第一纳秒，就像地质学家推断地球早期的历史一样信心十足。因此，在50多年的时间里找到"统一"的物理理论可能并不是盲目乐观的，这个理论在日常的实验和观察中已经得到了证实。目前它已经能够描述在第一万亿分之一的一万亿分之一的一万亿分之一秒发生的事情，那个时刻的密度和能量远远高于我们现有的理论所能描述的范围。如果未来的理论预测了多个大爆炸，我们就应该认真对待这一预测，即使它不能被直接证实（就像我们相信爱因斯坦的理论对黑洞不可观测的内部的描述，因为这个理论在我们可观测的范围内久经考验而屹立不倒）。

到21世纪末，我们将有能力提问，我们是否生活在一个多重宇宙中，以及它的组成"宇宙"会表现出怎样的多样化。这个问题的答案将决定如何解释我们生活的这个"生物友好"的宇宙（或者是与外星人共享的这个宇宙，如果有一天我们遇到外星人的话）。

我 1997 年的书《在一切开始之前》①，就对多重宇宙进行了猜测，这些猜测部分基于我们的宇宙看起来"亲生物"并经过精心调校的特征。如果物理现实是许多宇宙的集合，这些宇宙包含了所有基本常数和规律的组合，那么我们的宇宙就不足为奇了。其中大多数宇宙可能夭折，或者十分贫瘠，但我们会发现自己处于其中一个基本规律允许复杂涌现的宇宙。这一观点得到了 20 世纪 80 年代"宇宙膨胀"理论的支持，该理论为我们可观测的宇宙如何从微观尺度发展起来提供了新的见解。当弦理论家开始倾向于多个不同真空的可能性时（每个真空都是由不同的规律支配的微观物理学的竞技场），多重宇宙得到了进一步的重视。

从那时起，我就对这种观点的转变和这些（公认是

① 马丁·里斯（Martin Rees），《在一切开始之前：我们的宇宙及其他》（ *Before the Beginning: Our Universe and Others*，New York，Basic Books，1997）。

推测性的）想法的出现有了近距离的认识。2001 年，我协助组织了一场关于这个主题的会议。会议地点在剑桥，但不是在大学里，而是在我的家里，一个位于城市边缘的农舍。一个经过改造的谷仓，为我们的讨论提供了简朴的场地。几年后，我们开了一场后续会议。这一次的地点非常不同：在三一学院的一个相当大的房间，讲台后面有一幅牛顿（该学院最著名的校友）的肖像。

理论物理学家弗兰克·威尔茨克（在他还是学生时，就因提出粒子物理的"标准模型"而名声大噪）出席了两次会议。他在第二次会议发言时，对比了两次集会的氛围。

他在第一次会议上，把物理学家描述为旷野中的"边缘"声音，多年来一直鼓吹有关基本常数和替代宇宙之间阴谋的奇怪论据。他们的关注和方法似乎完全不同于理论物理学的共识先锋，后者正忙于成功地构建一个独一无二的、数学上完美的宇宙。但在第二次会议上，他说道："共识先锋们已经出发去旷野与先知会合。"

几年前，当我还在斯坦福大学的一个专家小组的时候，主席问我们："你们对多重宇宙的概念到底有多自信？你会愿意为它赌上你的金鱼、你的狗，还是你的生命？"我说我几乎愿意赌上我的狗。安德烈·林德，一位俄罗斯宇宙学家，他花了 25 年的时间推广"永恒膨胀"理论，他说他几乎愿意赌上自己的生命。听了这些以后，著名的理论物理学家史蒂文·温伯格说，他很乐意赌上我的狗和安德烈·林德的命。

在这个问题得出结论之前，安德烈·林德、我的狗和我都会死去。这不是形而上学（玄学）。这是猜测试探性的。但这是令人兴奋的科学，而且它可能是正确的。

4.4 科学进展会"撞上缓冲器"吗？

科学的一个特点是随着我们知识前沿的扩展，前沿之外新的未解之谜会变得更加突出。在我自己的天文学研究中，意想不到的发现总是令人非常兴奋。在每一个课题中，每一个阶段都会有"未知的未知"（唐纳德·拉姆斯菲尔德因为在另一个语境中说了这句话而受到嘲笑，但他是对的。如果他成为一个哲学家，那么对世界来说可能会更好）。但还有一个更深层次的问题，有没有我们永远不可能知道的事情，因为它们超出了人类所能理解的范围？我们的大脑能否理解现实的所有关键特征呢？

我们真的应该为我们的认识感到惊奇。人类的直觉通过进化来应付我们的远古祖先在非洲大草原上遇到的日常现象。从那时起，我们的大脑并没有发生太大的变化，但人类的大脑能够理解量子物理和宇宙中那些违反直觉的行为，这实在非同寻常。我早些时候曾推测，许多当下谜团的答案将在未来几十年内成为焦点。但也许不全都是，现实的一些关键特征可能超出我们的理解能力。我们有时可能会"撞上缓冲器"；可能会有一些现象，这些现象对我们的长期命运和对物理现实的充分理解至关重要，但我们还没有意识到它们。就像猴子试图理解恒星和星系的本质一样。如果外星人存在，他们的"大脑"可能是以一种我们无法想象的方式构成意识，并且对现实有着完全不同的感知。

我们有计算机可以帮助我们。在计算机的"虚拟世界"中，天文学家可以模拟星系的形成，或者模拟一颗行星撞击地球，看月球是否就是这样形成的；气象学家可以模拟大气，进行天气预报并预测长期气候趋势；脑科学家可以模拟神经元如何相互作用。正如电子游戏随着游戏机的功能越来越强大而变得更加精细一样，随着计算机功率的增长，这些"虚拟"实验会变得更真实有用。

此外，计算机可以做出人们还没做到的新发现。例如，有些物质在冷却到极低温度时是完美的电导体（超导体）。人们一直在寻找一种能在普通室温下工作的超导体的"配方"（到目前为止，在正常或稍高压力下达到的最高超导温度约为 -135 摄氏度，在极高压力下硫化氢的最高超导温度大约是 -70 摄氏度）。这可以应用于电力的无损耗跨大陆传输，以及更高效的"磁悬浮"
列车。

　　这种任务要经过很多次"试错"。但是，计算材料
的性能已经成为可能，而且计算速度是如此之快，以至
于可以计算出数以百万计的替代品，比实际的实验要快
得多。假设一台计算机想出了一个独特而成功的配方，
它可能会取得像 AlphaGo 那样的成功。但是它取得的成
果是能为科学家赢得诺贝尔奖的。它会表现得就好像它
在其相当专业的领域中拥有洞察力和想象力一样，就像
AlphaGo 迷惑并震惊了人类冠军一样。同样地，寻找新
药物的最佳化学成分也将越来越多地由计算机来完成，
而不是通过实际的实验来完成，就像多年来航空工程师
是通过计算机来计算，而不是依靠风洞实验来模拟机翼
上的气流一样。

　　同样重要的是，能够通过"处理"巨大的数据集来
辨别小的趋势或相关性的能力。以遗传学为例，智力和
身高等特质是由基因组合决定的。要识别这些组合，需

要一台足够快的机器来扫描基因组的大样本，用以识别小的相关性。类似的程序也被金融交易员用来寻找市场趋势并迅速做出反应，这样他们的投资者就可以从其他人手中抢占资金。

我认为人类大脑所能理解的东西是有限的，这一观点受到了物理学家大卫·多伊奇的质疑，他开创了"量子计算"的关键概念。他在富有煽动性的优秀著作《无限的开始》[①]中指出，任何过程原则上都是可计算的。这是正确的。然而，能够计算某件事与对它有深刻的理解是不同的。以几何图形为例，平面中的点由两个数字指定，即沿 X 轴和沿 Y 轴的距离。任何在学校学习过几何学的人都会认识到，公式 $x^2 + y^2 = 1$ 描述了一个圆。著名的曼德勃罗特集可以通过一个仅有几行代码的算法来描述。它的形状甚至可以通过一台普通功率的计算机

---

① 《无限的开始：世界进步的本源》（*The Beginning of Infinity: Explanations That Transform the World*，New York：Viking，2011），作者大卫·多伊奇（David Deutsch）。

绘制出来，它的"科尔莫戈洛夫复杂性"并不高。但是，没有任何一个人能以想象一个圆那样的方式来理解和想象这个极其复杂的分形图形。

我们可以预期21世纪科学会有更大的进步。现在困扰我们的许多问题将得到解答，我们现在根本想不到的新的问题将被提出。尽管如此，我们还是应该对这种可能性保持开放的心态：尽管我们付出了所有的努力，一些关于自然的基本真理可能过于复杂，人类的大脑无法完全理解。事实上，也许我们永远也无法理解大脑本身的奥秘：原子是如何聚集成了"灰质"，而且能够意识到自身并思考自己的起源。而对于任何一个复杂到足够使人类出现的宇宙，我们的头脑也无法完全理解。

遥远的未来是属于有生命的后人类还是智能机器，这还没有定论。但是，如果我们相信人类可以完全理解物质现实，并且没有任何谜团能继续给我们的后人类后代带来挑战，那我们就太人类中心主义了。

4.5　如何看待上帝

　　如果说天文学家被问得最多的一个问题是"人类是宇宙中唯一的生命吗"，那么被问的第二多的问题肯定是"你相信上帝吗"。我会略表安慰地回答："我不相信，但我与许多信上帝的人一样会感到惊奇和神秘。"

　　科学与宗教的分界仍然会引起争议，尽管自 17 世纪以来情况没有任何实质性的变化。牛顿的发现引发了一系列宗教（和反宗教）的反应。到 19 世纪，查尔斯·达尔文的发现则引发了更大的反应。今天的科学家们有着各自不同的宗教态度，其中既有传统的信徒，也有强硬的无神论者。对于那些希望促进科学和宗教之间有建设性的对话，甚至是非建设性的争论的人来说，我个人的观点听起来有点无聊：如果说我们在对科学的追求中学到了什么，那就是，即使是像原子这样基本的东西，也是很难理解的。这应该促使我们对任何教条保持怀疑，对任何通过一个不完整的比喻就宣称已经洞悉了存在本质的人保持怀疑。正如达尔文在给美国生物学家阿斯·

格雷的一封信中所说："我深深感受到，这个问题对人类的智力来说太深奥了。就像一只狗想要去推测牛顿的想法。所以就让每个人尽量拥有希望和信仰吧。"①

神创论者相信，上帝创造的地球就是他设想的样子，没有留下任何新物种出现的空间，没有留下更高的复杂性，或更广阔的宇宙空间。这种说法根本无法用纯逻辑来反驳。甚至是那些声称宇宙连同我们所有的记忆和早期历史的遗迹是一个小时前创造的说法，也是不可能用纯逻辑来反驳的。"神创论"的概念仍然在美国福音派和穆斯林世界的部分地区占据主导地位。在肯塔基州有一个"创造博物馆"，其发起人将其宣传为"全尺寸"的诺亚方舟，长 510 英尺，造价 1.5 亿美元。

有一种更复杂的（神创论的）变体——"智慧设计论"，现在更流行了。这个观念接受演化，但否认随机的自然选择可以解释最终导致我们出现的一长串事件。

---

① 出自 1860 年 5 月 22 日达尔文写给阿萨·格雷（Asa Gray）的信（达尔文通信项目，剑桥大学图书馆）。

在（演化过程中的）一些阶段，生物的一个关键组成部分似乎需要一系列的演化步骤而不是一次飞跃，然而中间步骤本身不会带来生存优势。这种辩论风格近似于传统的神创论。"信奉者"聚焦于一些尚未被理解的细节（而这样的细节有很多），争论说这种看似神秘的环节形成了（演化）理论的基本瑕疵。任何事都是可以通过引入超自然力量介入来"解释"的。所以，如果胜利是通过"有（不管是多轻率的）解释"来衡量的，那么"智慧设计论"就会一直赢下去。

但是，一种解释只有能适用于不同的现象，并且把这些现象用一种基本原理或者统一的概念联系起来，这才是有价值的。达尔文在他自称为"长篇大论"的书《物种起源》中阐释的"自然选择"就是这样的一种原理。实际上，第一个伟大的统一概念是牛顿的万有引力法则，把留在大地上并且让苹果落地的力和把月亮与行星留在轨道上的力界定为同样的万有引力。正因为牛顿，我们不需要记录每一次苹果落地了（注：大概是表达掌握了统一的规律，不用记录个案了）。

"智慧设计论"又回到了一个老问题：设计就需要设计师。两个世纪以前，神学家威廉·佩利提出了现在广为人知的"钟表和钟表匠"比喻——他举出对生的眼睛、拇指等作为存在一个仁慈的造物主的证据。[1]我们现在认为任何的生物谋略都是长期演化选择和与周围环境共生的结果。佩利的观点甚至在神学家之中也已经不吃香了。[2]

佩利对天文学的观点是，这不是一个为（智慧）设计提供了很多证据的学科，但"这一点得到了证明，它首先显示了（造物主）掌控的规模"。如果佩利知道了通向星系、恒星、行星和元素周期表中独特元素的看似天意的物理学，他可能会有不同的反应。宇宙从一个简

---

[1]　《基督教的证据》（*Evidences of Christianity*，1802），作者威廉·佩利（William Paley）。

[2]　本章节部分出自马丁·里斯（Martin J. Rees）所著《宇宙学和多元宇宙》（Cosmology and the Multiverse）选自《宇宙或多元宇宙》（*Universe or Multiverse*），编辑：Bernard Carr, Cambridge: Cambridge University Press, 2007。

单的开始演化而来——一个"大爆炸",遵循一个相当简洁的规则。但是物理定律是"给定的",而不是演化而来的。声称这种规则看起来很特别的说法不能像佩利的生物学"证据"那样容易被摒弃(还有一种关于多元宇宙的可能解释在 4.3 节提过了)。

佩利的一个现代版本,前数学物理学家约翰·波尔金霍恩,将我们经过调整的栖息地解释为"造物主的创造,他希望它应该如此"。[①]我曾与波尔金霍恩进行过友好的公开辩论(当我还是个剑桥学生时,他教过我物理)。我的辩论路线是,他的神学观过于人类中心而且狭隘,难以令人信服。他并不支持"智慧设计论",但是他相信当结果对微小的变化特别敏感时,上帝可以通过在某些时间和地点轻轻一推或者微微一扭来影响世界,以最微小的容易隐藏的努力取得最大影响。

当与基督教牧师(或其他宗教中的类似人员)会面

---

① 《科学与神学》(*Science and Theology*, London: SPCK/Fortress Press, 1995),作者约翰·波尔金霍恩(John Polkinghorne)。

时，我会努力地询问他们所认为的"底线"——他们的信徒所必须接受的"理论最小值"——是什么。显然一些基督徒认为（基督的）复活是真实历史上实际发生的事件。波尔金霍恩也是如此，他把这件事描述成了物理学，说基督是转化成一种奇异的物质状态，当天启到来时，他将降临到我们其余人身上。坎特伯雷的大主教贾斯廷·韦尔比在 2018 年复活节文告中说，如果复活"只是一个故事或者隐喻，坦白地说，我就应该辞职"。但是现在还有多少天主教徒真的相信那两个奇迹——试炼的"实际"部分——潜在的候选人必须通过才能获得圣人的资格？①我真的很困惑，会有这么多人对这种文字内容的宗教怀有信仰。

　　我会把自己描述成一个虔诚但多疑的基督徒。类似观念在犹太人中很常见：有一些人会遵循传统习俗——

――――――――――

　　①　译者注：天主教认为，功德圆满的信徒死后会升入天国，成为圣人。教廷会通过一系列程序确认某位逝者已升天成圣。判断标准是生前有圣德，死后显圣迹，且圣迹需要显两次，被不同的人观察到。

在星期五晚上点蜡烛之类的。但是这不意味着他们把宗教放在首位，他们也更不认为宗教里面有什么独特的真理。他们甚至可能声称自己是无神论者。同样，作为一个"文化上的基督徒"，我很乐意（尽管不定期）参加至圣公会教堂的宗教活动，我从很小就熟悉那里了。

　　然而，强硬的无神论者过于关注宗教教条和所谓的"自然神学"——在物质世界里寻找超自然现象的证据。他们必须知道"有宗教信仰"的人其实既不愚蠢也不天真。他们攻击主流宗教，而不是努力与其和平共处，从而削弱了对抗宗教激进主义和狂热主义的联盟。他们也削弱了科学。如果一个年轻的穆斯林或福音派基督徒被告知他们不能既拥有上帝又接受演化论，他们将会选择他们的上帝，放弃科学。大多数宗教的信徒对其信仰的公共性和仪式方面高度重视，事实上，他们中的许多人可能会置仪式于信仰之上。当我们之间的分歧如此之大，而变化快到令人不安，这种共同的仪式就在群体之中提供了联结。而联结了信徒与过往世代的宗教传统应该提醒我们：不应将一个退化的世界留给后代。

这条思路自然进入了我的最后一个主题：我们应该如何应对 21 世纪的挑战，缩小现实世界与我们希望生活在其中的世界之间的差距，并与其他"造物"共享这个世界？

5 总结

5.1 做科研

本书第 1 章强调了 21 世纪出现的转变——其速度和
对全球环境的压力是前所未有的。第 2 章重点介绍了在未
来几十年中我们可以期待的科学进步，强调了这些科学进
步会带来的好处，也强调了它们会带来的伦理问题，和它
们可能产生破坏甚至灾难的风险。第 3 章探讨了更广阔的
空间和时间——对地球之外广阔领域的推测，以及对"后
人类"未来前景的展望。第 4 章对我们更深度地了解自己
和世界的前景进行了评估——我们可以获知什么，以及什
么可能永远超出我们的认识能力范围。在前面的几页中，
我把重点放在了当下，在现时背景下探讨了科学家的角
色。我把科学家的特殊义务，与我们作为人类和关心未来
世代的地球公民将继承的义务，进行了区分。

首先，我要声明一点：在本书中，为了语言简洁，我
使用了"科学"一词，但实际上我说的也包括技术和工
程。比起做出科学新发现，将科学概念转化成现实中的实
际应用可能是更大的挑战。我的工程师朋友们最喜欢的一
幅漫画是：两只海狸抬头看着一座巨大的水电大坝。一

只海狸对另一只海狸说:"我并没有实际建造它,但它是基于我的想法建造的。"我想提醒我的基础科学家同事们,瑞典工程师吉迪恩·桑德贝克发明了拉链,他的这个天才创新可是我们很多人一辈子都做不出来的。

人们普遍相信科学家们遵循一套独特的程序,叫作科学方法。这种想法应该被抛弃掉。更真实的说法是,科学家在对现象进行分类和评估证据方面使用的是与律师或侦探相同的理性推理。一个与此有关的(并且具有破坏性的)误解是,人们普遍认为,科学家的思想有着独到的"精英"之处。其实,"学术能力"只是智识的一个方面,最优秀的记者、律师、工程师和政治家们也同样拥有这样的能力。

爱德华·威尔逊(在第 1.4 节中被引用的生态学家)认为,要想在某些科学领域做出成就,太聪明了反而不好。①他并不是看低科研生涯中那些灵光乍现、醍

---

① 《给年轻科学家的信》(*Letters to a Young Scientist*, New York: Liveright, 2014),作者爱德华·威尔逊(E. O. Wilson)。

翻灌顶的时刻（尽管这些时刻极少出现）。作为一位研究上万种蚂蚁的世界级专家，威尔逊的成果背后，是数十年不间断的艰难跋涉，光靠坐在椅子上空谈理论是不够的。所以，要耐得住乏味和厌倦。他说得没错，那些注意力不集中、三分钟热度的人，找一个像华尔街"毫秒交易员"那样的工作，可能会更快乐一些（尽管不那么有价值）。

　　科学家们通常对哲学不怎么关注，但有些哲学家却对科学产生了共鸣。特别是卡尔·波普尔，他在20世纪下半叶受到了科学家们的青睐。[①]他说科学理论在原则上必须是可反驳的。他说得对。如果一个理论非常灵活多变，或者它的提倡者看起来很不可靠，以至于它可以被调整以适应任何可能的情况，那么它就不是真正的

---

　　① 卡尔·波普尔关于科学方法的重要著作是《科学发现的逻辑》（ *The Logic of Scientific Discovery*，London：Routledge，1959）——由1934年的德文原版翻译而成，在中间的那些年，卡尔·波普尔凭借《开放社会及其敌人》（ *The Open Society and Its Enemies*）对政治理论做出了巨大贡献，广受赞誉。

科学。转世就是一个例子。生物学家彼得·梅达瓦[①]在他的著作中，对弗洛伊德的心理分析进行了一番更有争议的批评，他在书的结尾是如此盖棺定论的："纵观整套理论，心理分析是行不通的。它是一个最终产物，并且，就像恐龙或齐柏林飞艇一样，在它的废墟之上永远不可能建立起更好的理论，它将永远成为 20 世纪思想史上最可悲和最奇怪的地标之一。"

　　但是，波普尔的学说有两个弱点。首先，解释取决于背景。例如，19 世纪末的迈克尔逊-莫雷实验表明，无论地球如何运动，实验室以多快的速度移动，光的速度（由实验室中的一个钟进行测量）始终相同，在一年中的任何时间都是如此。后来人们认识到，这是爱因斯坦的理论的必然结果。但是，如果这个实验发生在 17 世纪，那么它就会被引用为地球静止不动的证据，并被

---

　　① 《进步的希望》（*The Hope of Progress*，Garden City，NY：Anchor Press，1973），69 页，作者彼得·梅达瓦（P. Medawar）。

用来反驳哥白尼。其次，一个已经得到充分支持的理论，需要有多么强有力的相反证据，才会被摒弃，是需要做出判断的。DNA 结构的共同发现者弗朗西斯·克里克总是说，如果一个理论与所有事实一致，那就是个坏消息，因为有些"事实"很可能是错误的。

　　紧随波普尔的是美国哲学家托马斯·库恩。他因提出了这样的观点，而受到广泛关注："范式转移"间断点缀于"常规科学"之中。①哥白尼革命推翻了以地球为中心的宇宙观，这就是范式转移。另一个范式转移的例子，是对原子受量子效应支配的认识，这一认识完全违反直觉，而且很难理解。但是库恩的许多追随者（也许不是库恩本人）把"范式转移"这个词滥用了。例如，经常有人说爱因斯坦推翻了牛顿。但更公平的说法是，他超越了牛顿。爱因斯坦的理论适用范围更广，可应用于力非常强或速度非常快的情况中。爱因斯坦的理论还

---

①　《科学革命的结构》(*The Structure of Scientific Revolutions*, Chicago: University of Chicago Press, 1962)，作者托马斯·库恩 (T. S. Kuhn)。

对重力、空间和时间有更深刻的理解。对理论的逐渐、零散的修改，以及对更普适的新理论的吸收，已成为大多数科学发展的模式。①

　　科学需要各种不同类型的专业知识和不同的参与者。擅长推测的理论学家、单独的实验者、在田野收集数据的生态学家，以及从事大型粒子加速器或大型太空计划的准工业团队都是科学的参与者。最常见的是，科学工作需要在一个小的研究小组中进行协作和讨论。有些人渴望写一篇开创性的论文来开启一个主题；另一些人则倾向于将一个已经被深入研究的主题，整理和编纂成一部权威专著，以此获得满足。

　　事实上，科学像体育一样是多种多样的。关于体育共性的描写，很难超越空泛的、赞美人类竞争特性等的概括性描写。而描写一个特定的运动项目和它的独特魅

---

　　① 《科学的意义》(*The Meaning of Science*，New York: Basic Books，2016)这本通俗易懂的书对波普尔、库恩和其他人的观点提出了明确的批评。作者：蒂姆·卢恩斯(Tim Lewens)。

力则会有趣得多。令人兴奋的游戏细节特点和关键玩家的个人性格，更会令人产生兴趣；科学也是如此。每一门科学都有其方法和惯例，而最让我们感兴趣的则是个人发现或者说洞察力的魅力。

科学的不断进步需要新技术和新工具与理论和洞察力并存。有些工具个头很小，有些工具则非常巨大。位于日内瓦的欧洲核子研究中心的大型强子对撞机直径达9公里，是目前世界上最精细复杂的科学仪器。它在2009年建成之时风光无限，引起了人们极大的兴趣。

但同时，人们对它也提出了疑问，为什么要在晦涩难懂的亚核物理科学上进行如此大的投资。但这一科学分支的特别之处在于，许多不同国家的从业者，都投身到这个由欧洲领导的合作中，在近20年的时间内，他们投入了大部分资源，用以构建和运行这个巨大的仪器。参与国（例如英国）每年的捐款仅占其基础科学总预算的2%，对于一个如此重要、基础且极具挑战性的领域，这笔拨款似乎并不算多。这个针对单一项目进行的全球合作，旨在探索大自然最根本的奥秘，并将技术推向极限，这无疑是我们文明可以引以为傲的事情。同样，很多天文仪器也由多国联盟运营，其中一些是真正的全球性项目，如智利的阿尔玛射电望远镜（阿塔卡马大毫米/亚毫米阵列）就有来自欧洲、美国和日本的参与。

那些有志于从事科学研究的人，应该选择一个适合他们个性、技能和兴趣的领域（适合野外考察？计算机建模？高精度实验？或者大数据处理？等等）。而且，年轻的研究人员可能会发现，进入一个发展迅速的领域可能是更好的选择。在这个领域中，你可以接触新技术、更先进的计算机或更大的数据集，因此上一代的经验也许显得并不那么重要。还有一件事：直接把研究方向定为最重要的或最根本的问题，是不太明智的。你应该将问题的重要性乘以你能解决问题的概率，然后使结果最大化。例如，渴望成功的科学家们不应该蜂拥去研究宇宙和量子的统一，尽管这是我们非常渴望达到的智力高峰之一。年轻的科学家们应该意识到，像癌症研究和脑科学这样巨大的挑战，需要一点一点、循序渐进地解决，而不是硬碰硬地死磕。（如 3.5 节所述，研究生命的起源曾经也属于这样的问题，直到最近，人们才认为时机合适，可以驾驭这项研究了。）

那些在职业生涯中期转向新科学领域的人呢？能引入新见解和新观点是一个"优势"，确实，最活跃的领域往往跨越传统学科的界限。但另一方面，普遍看法是，科学家的能力并不会随着年龄的增长而提高，反而会逐渐耗尽精力。物理学家沃尔夫冈·泡利曾为 30 岁以上的科学家们写过一句著名的话："还那么年轻，却已经不可能出名了。"但我希望，一个正在老去的科学家可不要那么相信宿命。我们似乎有三种命运。第一种，也是最常见的，是对研究的关注逐渐减少，有时通过在其他方向上的积极努力来弥补这一点，有时就是陷入迟钝和懒散。第二种，是不明智的、过于自信的、向其他领域进行的多样化发展。有一些最伟大的科学家也走上了这条路，在他们自己的眼中，他们仍然在做"科研"。他们想了解世界和宇宙，但他们不再满足于以传统的循序渐进的方式进行研究，他们好高骛远，有时连他们的崇拜者都会为此感到难堪。这种现象因人们不愿批评有声望和年长的人而更加严重。但是，一个不那么等级森严的社会的诸多好处之一是，这种现象越来越少见，至少在西方世界如此；而且，科学研究需要协作的本质也让闭门造车越发不可能。第三种方式，最令人钦佩——继续做你能胜任的事情，接受可能有一些新技术年轻人比年长者更容易理解和掌握，接受一个人只能达到和保持一定的高度，而不是一味地想攀登新高度。

有一些大器晚成的例外。虽然有许多作曲家，他们最后的作品是他们最伟大的作品，但很少有科学家是这样的。我认为原因在于，尽管作曲家在年轻时受到当时流行的文化和风格的影响（科学家也如此），但在以后，他们可以仅靠"自我成长"来提高。相比之下，科学家们如果想保持在学术前沿，就必须不断吸

收新概念和新技术，但这点随着年龄增长是越来越
难的。

许多学科——天文学和宇宙学——以十年为单位发
展推进，所以从业者能够在他们的职业生涯中观察到
"进程的弧线"。在 20 世纪 20 年代引领了非凡革命
的、编写了量子理论的保罗·狄拉克说，这是一个"二
流"学者做出"一流"工作的时代。幸运的是，对于我
这一代天文学家来说，近几十年来我们这个领域确实是
这样的。

最好的实验室就像最好的初创公司一样，应该是创
意和年轻人才的最佳孵化器。但是，在传统的大学和研
究所中，从人口统计学上来看，却呈现与此相反的趋
势。50 年前，随着高等教育的发展，科学专业仍呈指数
级增长，年轻人的数量超过年长者；而且，人们一般在
六十五六岁时退休（退休通常是强制性的）。但现在的
学术界，至少是西方学术界，体量并没怎么扩大（而且
在许多领域已经达到了饱和状态），而且还没有强制退

休年龄。在几十年前，一个人在 30 岁出头的年纪想要
领导一个团队是很正常的。但是现在，在美国的生物医
学界，能在 40 岁之前获得第一笔研究拨款，已经很少见
了。这可是一个非常糟糕的预兆。科学研究总是会吸引
那些无法想象从事其他行业的"书呆子"。实验室里经
常堆满了拨款申请，而这些申请通常都无法获得资金。
但是科研需要吸引那些有着灵活天赋，并且想在 30 岁
时取得一些成就的人。如果没有好的发展前景，这些人
将会避开学术界，他们可能就会去创业了。科研不仅能
为个人带来极大的满足感，还有益于公共利益，许多人
都应该选择它。从长远来看，我们需要一些这样的有能
力的人将自己奉献给基础研究领域。现在信息技术和计
算机技术的进步，有赖于一些顶尖大学之前所做的基础
研究，有些研究甚至可以追溯到一个世纪以前。医学研
究遇到的障碍就来自基础理论的不足。例如，一种用于
治疗阿尔茨海默病的药物未能通过临床试验，直接导致
辉瑞制药公司放弃了开发神经系统药物的计划。这可能

表明，我们对大脑功能的了解还不够多，应该将重点重新放在基础研究上。

财富的增长，空闲时间的增多，再加上信息技术提供的全球互联，使得世界各地数百万受过高等教育的业余爱好者和"公民科学家"能以其前所未有的能力，来探索他们的兴趣和研究。此外，这些趋势还将使顶尖的科研人员能够在传统学术或政府实验室之外进行前沿研究。如果有足够多的人这样做，就会削弱研究型大学的主导地位，并将"独立科学家"的重要性重新提升到20世纪之前的水平，或许还能促进真正的原创思想的繁荣。

5.2　社会中的科学

本书的其中一个主题是，我们的未来取决于对关键的挑战做出明智的选择：能源、健康、食品、机器人技术、环境、太空等。这些选择都涉及科学。但关键的决

定不应该仅由科学家做出，它关系到我们所有人，这些
决定应该是广泛的公开辩论的结果。要做到这一点，我
们需要有基本的科学素养、基础的数学知识和计算能力
来评估危险、可能性和风险，这样我们就不会被所谓的
专家欺骗，或者被民粹主义的宣传蛊惑。

那些渴望更积极参与民主的人常常哀叹，普通选民
对相关问题知之甚少。但是无知并不仅限于科学这一方
面。如果公民不了解自己国家的历史，不会一门外语，
在地图上找不到朝鲜或叙利亚——很多人确实找不
到（在一项调查中，只有三分之一的美国人能在地图上
找到英国！），这些事实同样令人难过。这是对我们的
教育体系和文化的总体控诉，我认为科学家们没有特别
的理由抱怨。事实上，我很高兴也很惊讶，还有这么多
人对恐龙、土星的卫星和希格斯玻色子感兴趣，这些都
与我们的日常生活毫不相干，但这些话题却在大众媒体
上频频出现。

而且，除了实际应用之外，这些想法还应该成为大

众文化的一部分。更重要的是，科学是唯一一种真正的全球性文化，不管在中国还是在秘鲁，质子、蛋白质和毕达哥拉斯都是一样的。科学应该超越所有国界，也应该超越所有信仰。不了解我们的自然环境，不了解生物圈和气候的规律，对达尔文主义和现代宇宙学的远见卓识视而不见，简直就是对智力的剥夺。现代宇宙学研究从"大爆炸"到恒星、行星、生物圈和人类大脑这一系列复杂的涌现，使我们得以认识宇宙本身。这些规律或模式是科学的伟大成就。要发现这些规律，需要专门的人才甚至是天才。伟大的发明创造同样需要这样的人才。但是掌握科学的关键思想并没有那么困难。大多数人都会欣赏音乐，即便不会作曲，甚至不会演奏。同样的道理，如果能用非技术性词语和简单的图画来解释科学，那么几乎每个人都可以接触和欣赏科学的关键思想。技术细节可能令人生畏，但那些可以留给专家们去研究。

科技的进步使得世界上大多数人享受着比上一代人

更安全、更长寿、更令人满意的生活，而且这些好的趋势可能会持续下去。但另一方面，科技的进步也有副作用，环境恶化、不受控制的气候变化，以及先进技术的一些意想不到的缺点。一个人口更多，对能源、资源和更强大的技术需求更高的世界，可能会给我们的社会带来严重的，甚至是灾难性的挫折。

公众至今仍然不肯承认这两种威胁：一种是我们对生物圈造成的破坏和危害；另一种是我们现在互联的世界在面对个人或小团体的错误或恐怖行为时所表现出的脆弱。不仅如此，21 世纪新出现的情况是，一场灾难将会波及全球。贾里德·戴蒙德在他的《崩溃》一书中①，描述了五个不同的社会是如何以及为何会衰落或遭遇灾难，并对现代社会做出了一些彼此截然不同的预测。但是书中这些事件并不是全球性的。比如，黑死病

---

① 《崩溃：社会如何选择成败兴亡》（*Collapse: How Societies Choose to Fail or Succeed*，New York: Penguin，2005），作者贾雷德·戴蒙德（Jared Diamond）。

并没有传播到澳大利亚。但在如今这个网络化的世界里，在面临经济崩溃、大范围流行病或全球粮食供应崩溃的情况时，我们将无处躲藏。除了这些以外，还有其他的全球性威胁。例如，核交换产生的大火可能会造成持续的"核冬天"。在最坏的情况下，"核冬天"能阻止传统农作物生长长达数年（这种情况也可能发生于小行星撞击或超级火山爆发之后）。

在这样的困境中，集体智慧至关重要。没有一个人能完全搞懂智能手机，因为它是许多种技术的综合产物。事实上，如果我们在"世界末日"之后陷入困境，就像在《末日生存》电影中那样，那么即使是铁器时代的技术和基本的农业技能，我们绝大多数人都一无所知。这就是为什么提出盖亚假说（自我调节行星生态学）的博学家詹姆斯·洛夫洛克极力主张，应该将一些基本技术编纂成"生存手册"，将之广泛传播并妥善保存。还真有人这么做了。英国天文学家刘易斯·达特内尔就写了这么一本书——《世界重启：大灾变后，如何快速再造人类文明》。①

我们应该为评估全球危害并尽量减少这些危害付出更多的努力。我们生活在这些危害的阴影之下，它们正在给人类带来更多的风险。同时，一些有技术能力的个人造成的威胁正在增加。这些都促使我们做出全球性的计划来应对（例如，一场流行病能否在全球范围内得到控制，可能取决于一个越南家禽养殖户能否及时报告异常病情）。当下仍旧存在许多挑战，例如，如何在避免危险的气候变化的同时，满足世界能源的需求。如何确保90亿人的粮食来源安全，同时还要保持环境的可持续性。这些挑战要跨越数十年，这样的时间尺度显然远远超出了大多数政治家的"舒适区"。我们在进行长期规划和全球规划方面，存在着体制性的失败。

不可否认的是，未来技术如果被误用可能会导致危

---

① 《世界重启：大灾变后，如何快速再造人类文明》（*The Knowledge: How to Rebuild Our World from Scratch*，New York：Penguin，2015），作者刘易斯·达特内（Lewis Dartnell）。像这样的书是很有教育意义的。令人遗憾的是，我们中的许多人对我们所依赖的基本技术一无所知。

险甚至灾难。我们应该用最顶尖的专业知识来评估哪些风险是可能真正发生的，哪些风险是不太可能出现的。然后将预防措施集中于前者，后者则可以忽略。具体应该怎样做呢？控制发展速度是不可行的，彻底放弃可能有危险的发展也不可行，除非有某一个组织掌握着全部资金来源。但在一个商业资本、慈善资金和政府资金混合在一起的全球化社会里，这是完全不现实的。即使规章制度也不太可能百分之百有效，而且只能提供一点点推动作用，科学界还是应该尽其所能地促进"有责任的创新"。尤其是管理创新进程的先后顺序，这可能至关重要。例如，如果一个超级强大的人工智能变"邪恶"了，那么此时再想控制其他方面的发展就为时已晚。但反过来看，一个被人类完全掌控的超强人工智能，则可以帮助减少生物技术或纳米技术可能带来的风险。

各个国家可能需要让渡更多主权给新的国际组织，如国际原子能机构、世界卫生组织等。现在已经有国际机构对航空、无线电频率分配等领域进行管理。还有一些国际协议，如《巴黎气候变化协定》。我们可能需要更多这样的国际机构，来规划能源生产，确保水资源共享，确保负责、合理地开发人工智能和太空科技。国家的边界正在被谷歌和脸书这样的准垄断企业所侵蚀。新的国际组织必须对政府负责，但也需要使用社交媒体（在现在和未来的几十年中），还要对公众开放，让公众参与进来。社交媒体吸引了大量的人参与社会运动，但由于参与这些运动的门槛太低，以至于大多数人并没有过去人们参与运动时那么坚定地奉献和坚持。此外，媒体可以很容易地策划抗议活动，并放大所有少数群体的不同意见，这也为管理增加了难度。

但是这个世界能被民族国家统治吗？有两个趋势正在降低人们之间的相互信任：第一，我们每天打交道的人可能离我们很远甚至是跨国的；第二，现代生活越来越脆弱，"黑客"或异见者的破坏有可能引发全球性的事故。这种趋势急需迅速采取安全措施。在我们的日常生活中，已经有了很多令人厌烦的安全措施：安保人员、

复杂的密码、机场安检等，而且它们可能会变得越来越
烦人。像区块链这样的创新，将开放访问与安全结合在
一起的公共分布式账本，可以提供使整个互联网更加安
全的协议。但他们目前的应用程序允许以加密货币为基
础的经济独立于传统金融机构运行，这看起来似乎是有
破坏性的。我们的经济中有很大一部分是耗费在某些活
动和产品上的，而这些活动和产品将是多余的，如果觉
得我们可以互相信任的话，这一认识既对人有益又令人
沮丧。

各国之间的财富和福利水平差距几乎没有缩小的迹
象。如果这样的差距保持不变，持续性破坏的风险将会
增加。这是因为弱势群体意识到他们的困境是不公平
的；因为旅行相对容易，所以需要采取更积极的措施以
控制迁徙造成的压力。但除了以传统方式直接转移资金
外，互联网及其后继者应该使在世界任何地方提供服务
变得更加容易，使教育和健康福利得到更广泛的传播。
通过大规模投资来改善贫穷国家人们的生活质量和就业

机会，这其实是符合富裕国家利益的，这可以最大限度地减少人们的不满，使世界更加平等。

5.3 共同的希望和忧虑

科学家们除了需要履行作为公民的义务以外，还需要承担起特殊的责任。科学研究本身有其伦理义务：在涉及动物或人类的研究中，必须尊重伦理准则，避开那些有可能产生灾难性后果的实验，即使风险非常微小，也要避免。但是，当他们的研究在实验室之外产生影响，这些潜在影响可能在社会、经济和道德方面涉及所有公民时，或者当某些研究揭示出一种虽然严重但仍未得到重视的威胁时，事情就不那么容易处理了。如果你的孩子长大成人以后，你就再也不理会他们出了什么事，即使你对已经成年的他们几乎没有控制权，那么你依然是一个不称职的家长。同样的道理，科学家们也不应该对他们的思想成果和创造漠不关心。科学家们应该

努力促进他们的成果在商业或其他方面产生良性的衍生
产品；应该尽可能抵制那些可疑或者有威胁性的对他们
成果的应用，并在适当的时候对政客们发出提醒。如果
某些研究在伦理道德方面比较敏感（这确实经常发
生），那么科学家们应该认识到，他们只是自己研究领
域的专家，在自己的领域之外的事情，他们需要公众的
参与和帮助。

　　我们可以突出强调过去的一些很好的事例。例如，在
第二次世界大战期间开发出第一批核武器的原子能科学
家。命运赋予了他们在历史中的关键作用。他们中的许多
人，如约瑟夫·罗布莱特、汉斯·贝思、鲁道夫·佩尔斯
和约翰·辛普森（在他们晚年时我有幸认识了他们所有
人），都很庆幸能回归到和平时期的学术追求中。但对他
们来说，象牙塔不是避难所。他们不仅是学者，更是积极
参与的公民。他们通过美国国家科学院、帕格沃什反核运
动和其他公共论坛，努力促进对核武器的控制。他们就像
是他们那个年代的炼金术士，拥有隐秘的、专门的知识。

　　我在前面几章中讨论过的那些技术，具有和核武器同样重要的影响。但是，与"原子能科学家"不同的是，那些科学家面临的新挑战几乎涵盖了所有的科学领域，他们具有广泛的国际性，工作领域涉及商界、学术界和政府部门。他们的发现和担忧应该对规划和政策产生影响。那么，怎样才能做到这一点呢？

　　与政治家和高级官员之间的直接联系是很有帮助的，与非政府组织和私人部门建立联系同样有益。但是，担任政府顾问的专家却往往影响力很小。政治家们受到他们的邮箱和媒体的影响更多。有些时候，科学家作为"局外人"和活动家，反而能获得更大的影响力。科学家可以通过畅销书籍、活动团体、博客、新闻媒体或者政治活动来传播信息和观点。如果他们的声音能够得到公众和媒体的响应和放大，那么这些长期的全球性事业一定会被提上政治议程。

　　例如，雷切尔·卡森和卡尔·萨根就是他们那一代人中有担当的科学家典范。他们通过他们的著作和演讲

产生了巨大的影响，这还是在社交媒体和推特
（Twitter，一个广受欢迎的社交网络）产生之前。卡
尔·萨根，如果今天他还活着的话，肯定会成为科学运
动的领军人物，用他的激情和雄辩感染每一个人。

学术界或个体企业家负有一项特殊的义务。与政府
服务部门或工业界人士相比，他们有更多的自由参与公
共讨论。此外，学者们还有一个特殊的优势，他们能影
响学生。不出所料，民意调查显示，希望能在21世纪的
大部分时间里生存下来的年轻人，对长期问题和全球问
题更加关注和投入。学生正越来越多地参与各种运动，
例如，"有效利他主义"运动。威廉·麦卡斯基尔的著作
《更好地为善》①是一个引人注目的宣言。它提醒我
们，通过有针对性地将现有资源重新部署到发展中国家
或贫困国家，可以对人们的生活产生紧急和重要的改

① 《更好地为善：有效的利他主义和你如何才能有所作为》（*Doing Good Better: Effective Altruism and How You Can Make a Difference*，New York: Random House，2016），作者威廉·麦卡斯基尔（William MacAskill）。

善。那些富裕的基金会有着更强的吸引力（比尔和梅林达·盖茨基金会就是一个典型，它产生了巨大的影响，尤其在儿童健康方面）。但即使他们也无法与国家政府的影响力相比，如果政府正处于来自公民的压力之下。

我已经强调过世界宗教－跨国社区的作用，他们关注长期问题，关心全球共同体，特别是世界上的穷人。一个世俗组织——位于加利福尼亚的万年钟基金会提出倡议，他们将创造一个标志象征，这个象征意在与目前普遍存在的短视主义形成鲜明对比。他们将在内华达州地下深处的一个洞穴里，建造一座巨大的钟。这座钟被设计成能在一万年内缓慢地滴答作响。在这一万年间，每一天它都会发出不同的钟声。我们这些在 21 世纪来参观的人，将久久凝望这座比教堂更持久的纪念碑，我们将被它鼓舞；希望一百个世纪之后，这座纪念碑仍然滴答作响，我们的后代将仍会来此参观。

尽管我们生活在未知的、潜在的灾难性危险的阴影之下，但似乎没有科学上的阻碍能妨碍我们实现一个可持续的、安全的世界。在那个世界上，所有人都将享受到更好的生活，比现在"西方国家"人们的生活还要好。即使在技术上的努力需要重新定向，我们依然可以是技术乐观主义者。我们可以通过"负责地创新"将风险最小化，尤其是那些在生物技术、先进人工智能和地球工程等领域可能会产生的风险。我们还可以通过重新调整技术发展的优先顺序来使风险最小化。我们应该对科学和技术保持乐观，不应该阻碍科技进步。对"预防原则"的教条主义式应用有明显的缺点。要应对全球威胁需要更多的技术，但这些技术需要社会科学和伦理道德的引导。

棘手的地缘政治学和社会学是潜在的可能性与现实之间的鸿沟，它们将导致悲观主义。我之前所描述的那些情况：环境退化、不受控制的气候变化以及先进技术带来的意外后果，这些可能会给社会带来严重的甚至灾难性的挫折。但这些问题必须依靠国际社会才可以解决。现在无论是长期计划还是全球计划，都存在制度性失败。政客们只想着他们的选民和下次选举。股东们只想着在短时间内得到回报。我们甚至对偏远的国家现在正在发生的事都轻描淡写；严重低估了我们留给下一代的问题。如果没有一个更广阔的视角，如果不认识到我们都生活在同一个拥挤的星球上，各国政府就不会正确地优先考虑那些长期项目。从政治角度来看那些可能是长期项目，但是对于地球，那仅仅是历史的一瞬间。

宇宙飞船般的地球正在空中飞驰，乘客们焦虑不安。他们的生命支持系统在面临干扰和故障时是那么的脆弱。但是计划太少，对远景的检视太少，对长期风险的认识也太少。如果我们把一个贫瘠而危险的世界留给后代，那将是我们巨大的耻辱。

我引用 H.G.威尔斯的话开始了这本书，我将引用 20 世纪下半叶的科学圣贤彼得·梅达瓦的话来结束这本书："为人类而鸣的钟，就像阿尔卑斯山的牛身上的铃铛，它就系在我们的脖子上。如此，那必将是我们自己的错，如果这钟不能发出和谐愉悦的声响。"①

　　现在是时候乐观地憧憬在这个世界以及这世界之外的生命的命运。我们需要全球化思考，我们需要理性的思考，我们需要运用 21 世纪的科技，在价值观的指导下长远地思考。

----

　　① 《人类的未来》(*The Future of Man*)，作者彼得·梅达瓦，1959年出版。